KB123172

향수 수집가의
향조 노트

향수 수집가의
향조 노트

ISP

경험들

piper
press

향조를 알아야
향을 예상할 수 있어요

베르가못, 시더우드, 화이트 머스크. 향수에 이제 막 관심을 갖기 시작한 분, 나와 맞는 향을 탐구하고 계신 분들은 향 설명을 찾다 보면 이런 표현이 들어간 묘사를 많이 보셨을 거예요.

바로 향조입니다. 노트라고도 해요. 하나의 향수에 들어간 여러 향을 구분해서 지칭하는 표현인데요, 레몬과 장미 향이 주가 되는 향수라면 레몬 향조와 장미 향조를 갖고 있는 겁니다.

조 말론의 '라임 바질 앤 만다린'에는 만다린, 바질, 그리고 앰버우드 노트가 들어있어요. 향을 묘사할 땐 "밝고 새콤한 만다린이 라임의 톡 쏘는 향과 블렌딩되어 탑 노트에 명랑한 상쾌함을 더해주는 향" 같은 표현을 써요.

이 책에선 향조들을 차근차근 설명해 드려요. 어떤 재료로 향이 나는지, 재료들은 어떻게 자라고 어떻게 구하는지 함께 들여다봅니다.

향수를 표현하는 방법은 각자의 스타일에 따라 달라요. 저는 정확히 어떤 향인지 세세하게 설명하는 것을 선호하는 편이에요. 처음 향수를 좋아하기 시작했을 때, 무슨 향인지 모르는 향에 대한 리뷰를 읽는데 너무 애매하게 떠오르는 이미지 위주로만 설명돼 있었거든요. 이 향수에서 무슨 향이 나는지 여전히 알 수 없어서 시간을 낭비했다고 느꼈어요.

어떤 분들은 향수를 묘사할 때 처음부터 끝까지 소설을 쓰듯이 스토리텔링하는 것을 선호하기도 합니다. 첫 향의 그린함을 '4월의 새벽에 일어났을 때 봄의 이슬이 맺힌 잔디'에 비유하고, 마지막 끝의 우디한 향을 '통나무집에서 맞이하는 밤'에 비유한 분도 계셨어요. 다채로운 묘사가 가득한 일기나 소설을 읽는 것 같아 좋았습니다.

하지만 이 책에서는 주로 쓰이는 용어를 소개해서 기본적인 묘사를 이해하는 데에 집중합니다. 향수를 리뷰하거나 묘사하지 않더라도, 원하는 향수를 구입하시는 데 도움이 될 거라 생각해요. 향수는 앰버리, 플로럴, 프레시(그린, 아쿠아틱, 시트러스, 아로마틱), 우디 네 가지 큰 계열로 보시는 것이 가장 일반적이거든요. 용어를 알아두시면 어떤 향 계열이 좋은지, 어떤 게 싫은지 파악할 수 있어서 향수를 구매할 때 직원에게 물어보거나 검색하는 데 유용해요.

시트러스, 우디, 애니멀릭, 플로럴 등 대중적이고 향조가 다양한 계열부터 시프레, 마린, 구어망드 등 비교적 낯설게 느껴지실 계열까지 차근차근 살펴보겠습니다. 다 읽으셨을 즈음엔 향에 대한 설명을 읽거나 듣는 것만으로 맡은 것처럼 느끼실 수 있을 거예요!

목차

시나몬

넛멕

클로브

블랙 페퍼

아니스

쿠민

그린

갈바넘

바이올렛 리프

블랙커런트 리프

아로마틱 허브

라벤더

로즈마리

타임

세이지

아르테미지아

바질, 타라곤

민트

라벤더-오크모스-쿠마린

그린 플로럴

은방울꽃

수선화

프리지아

히아신스

화이트 플로럴

자스민

튜베로즈

가드니아

오렌지 블로섬

티아레, 프랑지파니

백합

일랑일랑

허니서클

스파이시 플로럴

카네이션

이모르텔

파우더리 플로럴

아이리스

바이올렛

헬리오트로프

미모사

오스만투스

참파카

워터 릴리, 로투스

1

시트러스

남유럽의 상큼한 여름

첫 번째로 소개할 향조 시트러스는 탑노트, 즉 향수를 뿌렸을 때 맨 처음에 나는 향에 제일 많이 쓰입니다.

시트러스citrus는 새콤한 귤속 과일을 이르는 말입니다. 레몬, 라임, 귤, 오렌지, 자몽, 베르가못 등 여러 종류가 있어요. 우리가 비교적 접하기 쉬운 향으로 구성돼 있어서 가장 친숙하고, 실생활에서 접하거나 이해하기 쉬운 향이에요.

시트러스 향은 전통적으로 서양에서 여름의 무더운 더위에 고생할 때 지친 심신에 기운을 북돋아 주기 위해 쓰였어요. 우리가 귤 하면 겨울을 떠올리는 것처럼 서양 사람들은 시트러스 향에서 여름을 연상하는 거죠. 이런 이미지는 향수를 마케팅할 때 쓰입니다.

시트러스는 주로 따스한 남부 유럽에서 여름에 수확되어 시장에 나옵니다. 햇빛이 쨍쨍한 지역, 그리고 여름 하면 빼놓을 수 없는 해변의 느낌에서 영감을 받은 향수에 시트러스가 많이 들어가는 이유예요.

서양인들이 떠올리는 시트러스의 이미지 중 대표적인 것은 아름다운 이탈리아 남부의 칼라브리아 해변에 지어진 빌라, 이탈리아 항구 도시인 포르토피노의 해변 등 남부 유럽 해안의 정취입니다.

향수의 첫인상을 만들어요

시트러스는 그 자체로 시원하고 상쾌한 느낌을 주며 휘

경험들 1 - 향수 수집가의 향조 노트

발성이 강해 빨리 날아가 버리기 때문에 주로 향수의 첫인 상을 좌우하는 자리에 많이 쓰입니다. 뿌리고 나서 처음에 시트러스 향으로 가볍고 밝은 느낌을 주다가 나중에 다른 향으로 넘어가는 거죠.

서늘하고 시원한 느낌을 주는 효과 때문에 대부분의 향수에는 시트러스 향이 들어갑니다. 아주 무겁고 따뜻한 느낌을 주는 계열의 향수도 처음부터 끝까지 그냥 따스하기만 하면 단조롭고 과할 수 있어요. 균형과 대비에서 오는 아름다움을 보여주려 시트러스를 넣습니다.

베르가못

시트러스 과일 중 가장 많이 쓰이는 향은 베르가못일 거예요. 베르가못은 시트러스 과일 종류의 하나인데, 귤과 비슷하게 생겼어요. 좀 더 두꺼운 껍질을 가지고 있고, 초록빛으로 열리며, 익을수록 조금 더 노란빛에 가까운 색을 띠게돼요.

얼 그레이 홍차가 들어간 음료나 디저트를 먹어보신 분이라면, 홍차와 함께 뭔가 새콤하고 꽃 같은 향이 나는 것을 떠올릴 수 있을 거예요. 그게 바로 베르가못입니다. 베르가못은 얼 그레이 홍차 특유의 향을 내는 데 아주 큰 역할을 해요.

베르가못은 왜 다른 시트러스 과일보다 더 좋은 평가를 받고 자주 쓰일까요? 고유의 향 때문입니다. 베르가못은 다른 시트러스 과일과 마찬가지로 깨끗하고 시원한, 새콤한 향을 내지만 동시에 풀 향, 라벤더 같은 허브함, 꽃 같은 향도 갖고 있어요. 그래서 훨씬 더 복잡하고 풍부한 향을 내서 향수에 사용했을 때 아름다운 효과를 냅니다.

이탈리아의 칼라브리아가 주 생산지예요. 이곳의 농부들은 600년이 넘는 시간 동안 베르가못을 키워 왔습니다. 현재는 이탈리아 외에도 모로코, 브라질, 코트디부아르 등 다른 곳에서도 생산되지만, 가장 좋은 품질의 베르가못 오일이 이탈리아에서 생산된다는 것에는 이견이 없습니다.

베르가못은 귤과는 달리 과육을 직접 먹지 않아요. 껍질에서 오일을 추출해 향을 내는 여러 제품에 쓰죠. 전통적으로 베르가못 오일은 스푸마투라라는 기법을 통해서 추출해요. 껍질을 제거한 후 석회수로 씻고 말린 후에 천연 스펀지에 대고 누르는 방식인데요. 현대에 와서는 흐르는 물에 넣고 껍질을 벗긴 후 원심분리기를 이용해 추출합니다.

18세기 사람들은 향수를 자신을 표현하는 수단으로 생각했을 뿐만 아니라, 향수가 치유의 역할을 한다고 믿었습니다. 서양 전통 의학에서는 질병은 더러운 공기로 퍼진다고 믿었기 때문에 정화할 수 있는 상큼한 향수를 찾았던 것이죠.

본격적으로 양산되기 시작한 최초의 향수는 독일 쾰른 지역에서 18세기에 만들어진 '쾰른의 물Eau de Cologne'이었다고 알려져 있어요. 향수를 구입할 때 많이 보셨을 '오 드 코롱'이라는 표현이 여기서 유래했죠. 이 향수에도 베르가못 오일이 들어가 있습니다. 더울 때 상쾌한 향으로 몸과 마음에 생기를 불어넣기 위해 쓰였어요. 베르가못은 그만큼 긴 역사를 갖고 있습니다.

레몬, 라임

레몬, 라임, 그리고 광귤이나 비가라드라고도 불리는 비터 오렌지 역시 시트러스 과일입니다. 비터 오렌지는 과일보다는 잎이나 꽃을 주로 향료에 쓰는데, 일반적으로는 구하거나 접하기 어렵기 때문에 여기서는 레몬과 라임에 대해 이야기할게요.

레몬과 라임은 일단 생산량이 많고 가격도 낮기 때문에 저렴한 에센셜 오일 중 하나입니다. 베르가못과 달리 우리가 흔히 접할 수 있는 향이기 때문에, 향을 바로 떠올리실 수 있을 거예요.

베르가못과 마찬가지로 주로 향수를 뿌린 직후의 첫인상에 가볍고 시원한 느낌을 주기 위해 쓰이는데요, 레몬은 특유의 새콤하고 상쾌한 느낌이 있고, 라임은 그것보다는 조금 더 달콤하고 신선한 향을 냅니다. 너무 흔한 향이기 때문에 레몬 향 바디워시나 탈취제가 연상된다며 싫어하는 분들도 있어요.

레몬이나 라임은 향수에 들어갔을 때 베르가못과 흡사하게 상쾌한 탑 노트로 쓰입니다. 그러면서 조금 더 휘발성이 낮아서 나중에 나오는 향과 첫 향을 연결하는 가교 역할을 하기도 해요. 가벼운 향수에서는 주요 향조가 되어 신선하고 시원한 느낌을 주기도 합니다.

오렌지

오렌지, 만다린 귤이나 탠저린, 자몽도 향수에 많이 쓰입니다. 껍질의 향을 쓰기도 하지만, 상큼하고 즙이 가득한 과육의 느낌도 많이 활용해요.

실제로 과육을 넣어서 만드는 것은 아니에요. 오렌지나 기타 과일에서 나는 향은 베르가못이나 레몬, 라임보다는 좀 더 팡팡 터질 것 같은 과즙의 향에 가까운데 이 부분을 조향 과정에서 더 강조한다고 보시면 됩니다.

시트러스 과일의 껍질 향과 과육 향은 꽤 차이가 납니다. 껍질은 훨씬 더 건조하고 상쾌한 느낌이 들고, 과육은 촉촉하고 달콤한 향이 나요.

과육을 주로 먹는 오렌지, 탠저린, 만다린은 새콤하고 상큼한 향뿐 아니라, 과일 특유의 달콤한 향을 같이 넣기도 합니다. 그래서 나중에 자세히 살펴볼 프루티(과일향) 계열 향수로 분류되기도 해요.

블러드 오렌지

최근에 주목받는 향은 블러드 오렌지예요. 한국에서는 레드 오렌지라고 더 많이 알려져 있는 과일인데요, 2018년부터 향수에 조금씩 더 많이 쓰이기 시작했어요.

아뜰리에 코롱의 '오랑쥬 상긴느', 샤넬 '샹스 오 비브', 톰 포드의 '비터 피치' 등이 레드 오렌지 향을 사용한 대표적인 향수입니다.

레드 오렌지는 과육이 핏빛 같은 진한 붉은색이라 붙은 이름이에요. 베르가못처럼, 그냥 오렌지보다 훨씬 더 풍부한 향을 갖고 있습니다. 조금 더 톡 쏘는 느낌에 더해서 라즈베리나 딸기 같은 베리류 과일이 연상되는 달콤함이 있어요.

다양한 향을 함께 써서 레드 오렌지의 향 중 특정 부분을 더 강조할 수 있습니다. 다른 향을 받쳐 주는, 가교 역할을 아주 훌륭히 해낼 수 있고요.

레드 오렌지는 베르가못의 대체재로 많이 쓰여요. 일반 오렌지나 레몬, 라임, 탠저린, 자몽보다는 더 복잡한 향을 가지고 있으면서도 알레르기 유발 성분이 베르가못보다는 적기 때문입니다.

시트러스는 빨리 변해요

상쾌하고 밝은 느낌을 주는 시트러스 향조는 거의 모든 향수에 쓰이는데요. 휘발성이 강한 특징 때문에 지속력은 전반적으로 그렇게 좋지 않습니다. 향이 빨리 날아가요. 오래 보관하기가 다소 어렵고 변향이 쉽게 오는 편입니다.

몇십 년 된 향수를 구매했을 때 다른 향은 다 그대로인데 처음의 시트러스향에 변향이 와서 아세톤같은 냄새가 나거나 알콜향이 강하게 느껴질 수 있습니다. 시트러스 향이 주가 되는 향수를 오래 보관하려면 모든 향수가 그렇듯이 시원하고 건조한 그늘진 곳에 빛이 안 닿게 조심하면서 보관하시면 됩니다.

2

우디

절간 냄새의 마력

'완전 절간 냄새다!'라고 표현되는 향이 있어요. 욕이 아니라 칭찬으로 말이죠. 바로 최근 몇 년간 향수 트렌드인 우디한 향을 표현하는 말입니다.

많은 브랜드에서 우디한 향이 들어간 향수를 만들어 내는 중이에요. 르 라보의 '상탈 33', 딥티크 '탐 다오', 톰 포드 '오우드 우드' 같은 향수를 들어 보셨을 거예요.

우디woody는 나무 냄새가 난다는 뜻인데요, 나무도 공사장 옆을 지나면 쌓여 있는 각목에서 나는 향부터 자연 속 나무까지 아주 다양한 향을 가지고 있습니다.

우디한 향은 쓰이는 방식에 따라 다양한 느낌으로 표현돼요. 비 온 뒤 숲에 들어가면 맡을 수 있는 젖은 통나무 냄새가 연상되기도 하고, 아주 건조한 연기 같은 매캐하고 스모키한 향이 나기도 하고, 이케아에 갔을 때 공기를 가득 채우는 갓 자른 나무 향이 나기도 합니다.

앞서 시트러스 향이 주로 향수의 탑 노트에 많이 쓰인다고 했는데요. 우디한 향은 그 반대로 마지막에 남는 향에 많이 쓰입니다. 잔향이라고도 불리는, 다른 향이 날아간 후에도 계속 남는 향이죠.

우디한 향 자체가 시트러스와 정반대로 휘발성이 낮아 빨리 날아가지 않고 끝까지 남기 때문이에요. 이처럼 다른 향이 더 오래 가도록 고정해 주는 역할을 하는 향도 있어요.

우디하다고 하면 남성용이라고 생각하시는 분들이 많아

요. 하지만 우디한 향은 역사적으로 여성용으로 나온 향수에도 많이 쓰였어요. 샤넬에서 나온, 샌달우드가 주가 되는 '브와 데 질(1926)', 세르주 루텐의 시더우드 향이 주가 되는 '페미니떼 드 부아(1992)'가 대표적이에요. 게다가 지금은 특정한 향이 어떤 성별에 어울리는지 따지지 않는 것이 트렌드라 여성분들도 우디한 향수를 즐기시죠.

이처럼 원래 여성들이 즐겨 쓰다가 현대에 와서 남성용 향수에 주로 쓰이는 향도 있어요. 특정 향이 어떤 성별에 어울리는지에 대한 생각이 시대별로도 계속 달라진 거죠. 그러니 우디=남성용이라는 공식은 잊어버리고, 우디한 향에 어떤 재료가 쓰이는지 들여다보기로 해요.

패츌리

패츌리는 우리에게 조금 생소합니다. 동남아시아나 일본에 비해 한국에서는 거의 키우지 않더라고요.

패츌리는 민트가 속해 있는 꿀풀과의 식물이지만, 우리가 민트 향 하면 생각하는 페퍼민트나 스피어민트 향은 아니에요. 흙 향과 잔디 같은 풀 향, 나무 냄새가 납니다. 연기 같은 매캐한 향, 향신료가 연상되는 매콤한 향을 내기도 해요. 더 나아가면 다크 초콜릿 같은 달콤한 향이 나기도 합니다.

패츌리 자체가 아주 풍부한 향을 가지고 있기 때문에 어떤 측면을 강조하는지에 따라 향이 달라져요. 패츌리는 다양하게 쓰일 수 있어서 시트러스 다음으로 많이 쓰이는 향

② 우디

으로 알려져 있어요. 장미 등 꽃 향이나 시트러스 향, 다른 종류의 우디한 향, 달콤한 향, 향신료가 연상되는 향 등 어떤 향과 조합해도 좋은 결합을 이룰 수 있기 때문이죠. 다른 향을 고정하는 역할도 해요.

향수 원료로 쓰일 때는 주로 잎을 증류해서 씁니다. 만들어지는 오일은 증류 방식에 따라 두 가지로 나뉩니다. 향 자체에 큰 차이는 없지만, 철로 된 용기에서 증류하면 다크 패츌리 오일이 돼요. 조금 더 어두운 색을 가진 오일이 나옵니다. 스테인리스 스틸 용기에서 증류하면 밝은 색을 가진 라이트 패츌리 오일이 나와요.

패츌리는 굉장히 재미있는 역사를 가지고 있습니다. 패츌리가 서양에 향으로서 소개된 것은 1800년대인데요, 당시엔 스리랑카, 필리핀, 인도네시아 등 동남아시아의 섬에서 주로 재배됐어요. 이 지역에선 패츌리를 해충 퇴치용 살충제로 썼습니다. 옷에 벌레가 슬지 않도록 패츌리 특유의 향을 천에 배게 했어요.

당시 동남아에서 서양으로 직물을 수출하려면 배에 실어 아주 오랜 시간 이동해야 했어요. 비싼 비단을 수출할 땐 상품성을 유지하기 위해 천 사이에 패츌리 잎을 끼우거나, 아예 패츌리 잎으로 비단을 감싸기도 했습니다.

길고 긴 항해 끝에 유럽에 도착한 비단 상자를 열어 본 사람들은 지금까지 맡아본 적이 없는 아주 새로운 향이 난다는 것을 발견했습니다. 패츌리 잎 때문이었죠.

새로 산 비단에서 나는 패츌리 향은 파리의 귀족 여성들에게 인기를 끌었습니다. 모든 패션 뷰티 트렌드가 그렇듯 패츌리 향은 상류층의 라이프스타일을 따라 하고 싶어 하는 대중에게 점점 퍼지기 시작했습니다. 패츌리는 향을 추출하기 어렵거나 키우는 데 오래 걸리는 식물도 아니고, 1년에 2~3번까지 수확할 수 있어요. 구하기 쉽고 값이 저렴해서 대중적으로 소비하기에 적합했습니다.

패츌리가 점점 대중화되자 상류층은 거리를 두기 시작했고, 이렇게 패츌리는 잊히나 싶었어요. 그러나 패츌리는 재기에 성공합니다. 1960년대 히피 운동으로 재발견된 거죠.

당시 히피들은 자연스럽고 인공적이지 않은, 자연과의 친화를 상징하면서도 동양의 신비스러움을 나타내는 향을 찾고 있었습니다. 동남아시아에서 많이 재배되던 패츌리가 이런 욕구에 딱 맞아떨어졌어요.

패츌리가 심신을 안정시키고 성욕을 증진시킨다는 믿음도 있었습니다. 어떤 사람들은 패츌리의 강렬한 향이 히피들의 마리화나나 술 냄새를 감추는 데에 효과적이었기 때문에 많이 쓰였다고 설명하기도 해요.

어쨌건 1960년대에 패츌리는 다시 한번 조명받았고, 이후 여러 가지 변주와 변형을 통해 향수계에서 자주 쓰이는 향이 되었습니다.

특히 1990년대에 나온 티에리 뮈글러의 '엔젤'이라는 향수에서 솜사탕 같은 달콤한 향에 대비를 주기 위해 쓰였는

② 우디

데요, 여기에서 영감을 받아 많은 향수에서 과일 등 다른 달콤한 향이 너무 달게 느껴지지 않게 중심을 잡아주는 역할을 톡톡히 해왔습니다.

2010년대 이후에는 에디션 드 퍼퓸 프레데릭 말의 '포트레이트 오브 어 레이디'가 예술적으로도 상업적으로도 대성공을 거뒀어요. 이 향수의 인기로 장미 향에 패츌리를 더해 장미를 조금 더 건조하고 어둡고 매캐한 방식으로 표현하는 향이 늘어났고요. 이렇게 특정한 향의 매력적인 활용 방식이 한번 발견되면, 한동안 트렌드에 영향을 끼칩니다.

베티버

베티버 역시 패츌리처럼 나무가 아닌 풀의 일종입니다. 인도, 인도네시아에서 자라던 풀이에요. 수수와 가까운 친척이지만, 향이 나는 풀이라는 점, 모양이 길쭉하다는 점은 레몬그라스와 비슷합니다.

1.5m까지 아주 크게 자랄 수 있는 베티버는 잎이 아니라 뿌리를 향수의 원료로 씁니다. 18~24개월쯤 된 베티버를 파내서 뿌리를 씻고, 햇볕에 건조한 뒤 물에 담가 오일을 추출해 내요.

베티버의 흥미로운 점은 나무가 아니라 풀인데도 불구하고 나무 향을 연상시킨다는 거예요. 베티버와 패츌리는 함께 쓰이기도 해서, 구별하기 어려워하는 사람들도 있어요. 실제로 베티버에서 패츌리 향을 내는 데 중요한 역할을 하는 화학 물질이 나오기도 하고요. 그러나 맡아 보면 베티버는 패츌리보다 더 따스하고 풍부한 향을 냅니다.

어디에서 자란 베티버인지, 어떻게 가공했는지에 따라 조금씩 다르지만, 우디하고, 건조하고, 살짝 흙냄새도 나고, 잔디를 연상케 하는 향이 납니다. 잎사귀를 연상시키는 밝은 느낌이나, 시트러스, 가죽, 연기 같은 향이 나기도 해요.

향수에 쓰이는 베티버는 대략 부르봉 베티버, 하이티 베티버, 그리고 자바 베티버로 나눌 수 있습니다. 모두 베티버를 주로 키우는 섬의 이름이에요.

서인도양의 프랑스령인 레위니옹 섬(이전의 이름이 부르봉이었어요)에서 자란 베티버가 가장 향이 풍부하고 질이 좋다는 평가를 받아요. 흙, 가죽, 향신료 같은 매콤함, 헤이즐넛 같은 부드러움, 그리고 살짝 장미가 연상되는 향이 납니다.

자바 베티버는 흙냄새에 쌉쌀함이 느껴지고, 연기 같은 굉장히 매캐한 향이 납니다. 하이티 베티버는 나무 향과 함께 조금 더 잔디 같은, 초록빛이 연상되는 풀 향이 나고요. 이 외에도 인도나 파라과이, 중국, 스리랑카 등 여러 곳에서 베티버를 재배하고 있어요. 인도에서는 루 커스라고 부르는 야생 베티버가 자라는데 땅콩 같은 향이 섞여서 난다고 합니다.

베티버도 패츌리와 마찬가지로 살충제로 쓰였습니다. 19세기 인도에서 솜으로 만든 무슬린 천을 수출할 때 상인들이 베티버 뿌리의 향을 입히곤 했습니다. 이렇게 무역이 이루어지면서 1809년에 처음 프랑스어에 베티버라는 단어가 등장해요.

당시 사람들은 이 향에 완전히 매료돼서, 커튼이나 망이나 부채를 만들 때 베티버 뿌리에서 뽑은 섬유를 함께 짜넣어서 물을 뿌렸어요. 이렇게 하면 베티버 향이 솔솔 피어나오죠.

1900년에는 프랑스인들이 부르봉 섬에 베티버를 심었습니다. 그렇게 해서 가장 질 좋은 베티버로 꼽히는 부르봉 베티버가 탄생했습니다.

베티버 역시 향을 고정해 주는 역할을 하기 때문에, 보통 향수에서 주재료가 아닌, 보조 재료로 쓰였어요. 우디함을 추가하며 향이 더 오래가게 하는 역할을 했습니다. 1921년에 나온 샤넬 'No.5'에도 베티버가 소량 들어가 있습니다.

1957년에는 까르방이라는 향수 회사에서 '베티버'라는 남성 향수를 내면서 베티버를 보조 재료가 아닌 주재료로 사용하기 시작했어요. 겔랑에서도 베티버 향수를 내고(1959), 지방시(1959), 랑방(1964), 르 갈리온(1968) 등에서 베티버가 주재료가 되는 향수를 만들어 판매하기 시작했습니다.

1960년대에는 남성용으로 베티버 향수가 인기를 끌었어요. 이후 서서히 여성용 향수에서도 주재료 역할을 하기 시작했죠.

오우드

오우드는 동양과 중동, 인도 등에서는 아주 오랜 역사를 가지고 있어요. 침향, 아가우드^{agarwood}라고도 불립니다.

중국 삼국지에서는 관우가 죽은 후 조조가 침향으로 관우의 장사를 지내며 조의를 표했다고 하고, 일본서기에도 침향목에 대한 기록이 있습니다. 우리나라에서는 신라시대 헌덕왕이 '귀족들이 침향을 앞다투어 구입하는 것은 사치스러운 일'이라며 모든 귀족들에게 침향을 사용하는 것을 금했다는 기록이 삼국사기에 남아 있어요.

인도에서는 힌두교 경전인 베다 경전에 8개의 진귀한 향 중 하나로 아가우드가 포함돼 있습니다. 중동에서는 이슬람 경전 쿠란에 오우드가 등장합니다. 남성은 장미향, 여성은 오우드 향을 사용한다는 말도 있고요.

오우드는 침향나무에 곰팡이나 세균이 침투했을 때 만들어지는 향이에요. 나무가 스스로를 보호하기 위해 만드는 수지樹脂, 나뭇진에서 향이 납니다. 세균 침투 과정을 겪지 않은 침향나무에서는 아무 향이 나지 않아요.

동양과 중동에선 긴 역사가 있지만, 서양에서는 아주 최근까지 사용되지 않는 향료였어요. 서양 향수에 오우드가 조금씩 사용되기 시작한 것은 2000년대부터입니다.

입생로랑 'M7(2002)', 몽탈의 '블랙 오우드(2006)' 등 오우드에 초점을 둔 향수가 만들어지기 시작하면서, 향수계에서 점점 더 많이 쓰이기 시작했습니다. 특히 톰 포드의 '오우드 우드'가 인기를 끌면서 다른 브랜드에서도 다양한 오우드 향수가 나왔어요.

처음에는 잔향에 주로 쓰이다가, 요새는 오우드 그 자체에 주목하여 오우드가 중심이 되는 향이 많이 나오고 있어요.

오우드의 인기가 높아진 데엔 몇 가지 이유가 있어요. 첫 번째로, 여러 규제로 인해 향을 고정시키는 역할을 하던 몇몇 향료를 사용할 수 없게 되면서 업계에선 새로운 향료를 찾기 시작했습니다. 오우드는 향을 고정시키는 역할을 아주 훌륭히 해내기 때문에, 적합한 대체제를 찾은 셈이죠.

두 번째로는 중동 시장 공략이 목적이었어요. 중동의 럭셔리 마켓이 성장하면서 중동인들의 입맛에 맞춘 오우드 향수로 많은 이익을 창출할 수 있었습니다.

중동은 향수 시장이 성장하기에 좋은 환경이었는데요, 중동인들은 아타르(향을 추출해서 향유로 만들어 바르는 방식)에 익숙하기 때문에 서양 전통에 기반한 향수를 몸에 뿌려서 사용하는 것에 대한 거부감이 덜했습니다.

중국이나 일본은 조금 달라요. 오우드를 오랫동안 써왔지만, 향수 형태로 쓰지는 않았어요. 중국은 문화혁명 기간에 향수를 금지했던 역사가 있어 향수를 몸에 뿌리기보다는 향을 태우는 형태가 더 널리 퍼져 있습니다. 일본에서도 향수보다는 인센스 스틱 형태로 태우는 것을 선호해요.

마지막 요인은 기술 개발입니다. 2000년대 초반에 가격이 비싼 오우드 향을 낼 수 있는 합성향이 발명된 것이죠.

오우드는 침향나무가 세균에 감염됐을 때 생기는 수지에서만 나는 향이잖아요. 자연적으로는 우연의 일치로 인해 일어나는 일이죠. 채취했을 때 이윤이 날 만큼의 수지를 갖고 있는 나무가 야생에 많지 않습니다.

그동안은 야생 침향나무 중 일부를 밀렵해서 구하곤 했는데, 1995년에 멸종 위기에 처한 야생 동·식물종의 국제 거래에 관한 협약CITES에서 침향나무를 거래 불가 목록에 올리면서 야생 오우드는 구할 수 없게 됐어요.

천연 오우드는 플랜테이션 농업으로 기른 침향나무에서 채취하거나, 아니면 아주 오래된 나무에서 예전에 추출한 향을 사용하는 방식으로만 구할 수 있어요.

천연 오우드는 너무 비싸기 때문에 많이 쓰이지 않습니다. 그렇지 않아도 비싼 오우드는 중국, 일본, 중동의 수요가 늘면서 더 비싸졌는데요. 특히 급증한 중국의 신흥 부자들이 오우드로 된 나무 조각을 태우는 것을 부의 상징으로 여기면서 수요가 더 늘었어요.

최고급 오우드는 kg당 10만 달러 이상에도 팔립니다. 우리 돈으로는 1억 원이 넘어요. 그래서 합성향을 개발하지 않으면 쓰기 어려운 향이었죠.

오우드는 너무나도 풍부하고 복잡한 향을 내기 때문에 제대로 된 합성향을 발명하는 데 시간이 필요했어요. 2000년대에 들어서야 천연 오우드의 향을 비슷하게 흉내내는 합성향이 발명되었고, 이때부터 오우드를 넣은 향수가 폭발적으로 증가했습니다.

야생 침향나무는 기후 등 여러 이유로 인해 지역별로 다른 향을 내곤 했습니다. 지금은 야생 침향나무가 멸종했거나 멸종 위기이기 때문에 실제로 향을 맡는 것은 거의 불가능합니다.

대신 최근에는 실제로 나무가 자란 지역과 상관없이 증류나 숙성, 혼합 과정에서 여러 기술을 적용해서 특정 종류의 오우드 향을 표현할 수 있어요. 그래서 특정 지역의 야생 침향나무에서 나던 향을 모방한 향을 '~식 오우드'라고 말합니다.

인도식 오우드(힌디 오우드)에서는 좋게 말하면 동물적이며 발효된 것 같은 향, 나쁘게 말하면 마굿간이나 외양간이 연상되는 거름 같은 향이 우디한 향과 함께 납니다.

이렇게 설명하면 왜 이게 아름답다고 느끼는지, 왜 이런 향을 뿌리고 돌아다니고 싶어 하는지 의문이 드실지도 몰라요. 하지만 가죽 향과 연기 같은 매캐한 향이 함께 나기 때문에 단순 거름 냄새보다는 한층 더 우아하고 매끄러운 향으로 느껴집니다.

캄보디아식 오우드는 반대로 초보자가 접근하기 쉬운 향입니다. 인도식 오우드에서 맡을 수 있는 동물적인 향보다는 우디한 향과 함께 베리, 자두 같은 과일 향이 나며 초콜릿, 꿀과 같은 달콤한 향이 첨가되어 훨씬 더 편안하고 친근한 느낌을 줍니다.

보르네오식 오우드는 인도식 오우드보다 더 가볍고 민트나 소나무 같은 상쾌한 향이 우디함과 동시에 느껴집니다. 물파스나 일회용 밴드 같은 싸한 향이 난다는 의견도 본적이 있어요. 하지만 뒤에는 바닐라 향과 약간의 달콤쌉쌀함이 있고, 전반적으로 조금 더 부드러운 느낌이 있어요.

베트남식 오우드는 풍부하지만 시큼한 향이 들어갑니다. 후추 같은 향신료가 연상되는 매콤함이 있고, 나무 수지의 달콤하면서 따스한 향도 있어요. 짭짤하고 감칠맛이 연상되는 향이라고도 해요.

샌달우드

르 라보의 '상탈 33'은 샌달우드 향의 르네상스를 만들었습니다. '상탈 33' 이후 다양한 브랜드에서 샌달우드 향수가 나오고 있어요.

샌달우드(백단향) 역시 중동이나 인도, 극동아시아에서 많이 쓰였어요. 연산군은 백단향을 아주 좋아했다고 합니다. 인도에서는 힌두교 의식에 많이 쓰였고요. 향수에서는 주로 잔향에 많이 쓰이지만, 샌달우드 자체의 향이 아주 아름답기 때문에 샌달우드를 중심으로 둔 향수도 많습니다.

샌달우드 나무는 오우드와 달리 나무 자체에서 오일을 추출합니다. 나무를 수확할 때 다른 나무처럼 밑동을 자르는 것이 아니라 아예 뿌리까지 뽑는다고 해요. 뿌리와 심재, 즉 나무의 가장 안쪽 부분에서 오일이 많이 나오기 때문입니다.

이렇게 보면 오우드보다는 훨씬 더 키우기 쉬울 것 같습니다. 하지만 그렇지가 않아요. 샌달우드가 다른 식물에 기생하면서 자라는 나무이기 때문이에요. 주변에 다른 식물이 없으면 제대로 자라기 어렵죠.

게다가 암나무와 수나무가 따로 있어 둘이 모두 있어야 씨앗이 만들어집니다. 씨앗 역시 수확된 직후에 바로 심어야 해서 보존성이 떨어지고, 발아율이 낮은 편에 속해요.

오일을 만들어 내려면 나무가 적어도 7년 이상 자라야 합니다. 7년은 오일을 만들 수 있는 최소한의 기준일 뿐이에요. 좋은 오일을 만들려면 더 오래된 샌달우드가 필요합니다.

하지만 대규모 농장에서 키우는 샌달우드는 백 년 넘게 자랄 기회가 없습니다. 보통 15~20년 정도 자라면 상업적 가치가 생기고 수확에 들어가기 때문이죠. 이런 문제 때문에 샌달우드엔 커다란 재앙이 닥쳤어요.

전통적으로 가장 질 좋은 샌달우드는 인도의 마이소르 지방에서 생산되어 왔습니다. 그러나 서양에서 향수로 쓰기 위한 수요가 늘면서 멸종 위기종이 되어 버렸어요. 결국 인도 정부에서 마이소르산 샌달우드를 키우거나 자르거나 파는 것 자체를 금지해 버립니다.

2002년에 인도 정부가 개인을 대상으로 마이소르산 샌달우드를 키우는 것은 허락했지만, 아직도 거래 등 상업적

이용은 엄격히 규제되어 있습니다. 이렇게 노산 백단이라고도 불렸던 마이소르산 샌달우드는 전설의 물건이 되었습니다.

그런데 같은 속인 다른 샌달우드가 호주에서 자란다는 것이 발견되었어요. 현존하는 대부분의 샌달우드 향에 쓰이는 호주산 샌달우드(신산 백단)입니다. 현재 호주는 대표적인 샌달우드 수출국입니다.

하지만 마이소르산 샌달우드와 호주산 샌달우드의 향은 다릅니다. 인도 마이소르 샌달우드는 우디한 향도 나지만 이보다 훨씬 더 강하게 버터와 크림 같은, 유지방이 연상되는 부드럽고 기름지고 우아한 향이 나요. 실제로 제가 마이소르산 샌달우드가 주가 되는 향수를 뿌리고 지인에게 향을 물어봤을 때 버터향이 난다고 할 정도였어요.

반면 호주산 샌달우드는 나무 특유의 향이 더 많이 나고, 버터 향 같은 느낌이 적습니다. 더 상쾌하고 풀 향도 나요. 마이소르산 샌달우드를 표현하고 싶은 향수는 호주산 샌달우드에 여러 합성향을 넣어서 비슷하게 만들죠.

최근에는 호주산 샌달우드보다 저렴한 하와이산 샌달우드도 조금씩 쓰이고 있는데, 마이소르산 샌달우드의 버터 같은 향이 호주산 샌달우드보다는 조금 더 잘 표현된다고 합니다.

향료는 대부분 자연물에서 추출한 재료에서 영감을 받습니다. 오우드와 샌달우드의 역사를 보면서 앞으로 우리가 어떻게 책임감을 가지고 환경에 미치는 영향을 최소화하면서 지속 가능하게 향을 즐길 수 있을지 고민해야 할지 생각하게 됩니다.

시더우드

시더우드는 우디 트렌드에서 중요한 부분을 차지하고 있어요. 소나무 종류를 지칭하는 것으로 지역마다 다양한 종이 자라고 있어요.

지속력이 좋아 잔향에 많이 쓰여요. 시더우드가 중심이 되어 향수 전반적으로 우디함을 더해주기도 합니다. 대표적인 향수로는 세르주 루텐의 '페미니떼 드 부아', 메종 프란시스 커정의 '바카라 루즈 540' 등이 있어요.

시더우드는 한 종류의 나무만을 가리키지는 않아요. 서양 탐험가들이 제국주의 시대에 여러 지역을 여행하면서 비슷하게 생겼거나 향이 흡사한 나무에 '○○지역 시더우드' 같은 식으로 이름을 붙였거든요.

지역별 시더우드는 크게 세 종류로 나눌 수 있습니다. 아틀라스 시더우드, 버지니아 시더우드, 그리고 텍사스 시더우드입니다. 이 외에도 레바논 시더우드, 히말라야 시더우드, 중국 시더우드 등이 있지만, 이들은 향료보다는 목재 용도로 더 많이 씁니다.

먼저 아틀라스 시더우드를 살펴볼까요? 아틀라스 시더우드는 레바논 시더우드의 대체재로 주목받기 시작했습니다. 앞서 레바논 시더우드는 향료로는 잘 쓰이지 않는다고 했는데요. 이집트 신화나 성경에 나올 만큼 역사가 오랜 레바논 시더우드는 향료로 쓰이다가 숲 파괴로 인해 사라져 가고 있어요. 지금은 더 이상 향료로 쓰일 만큼은 충분하지 않아서 주로 건축용 목재로 쓰입니다.

그래서 사람들은 비슷한 향을 내는 아틀라스 시더우드에 주목하기 시작했어요. 모로코의 아틀라스 산맥에서 주로 자라기 때문에 이런 이름이 붙었습니다. 우디하면서도 약간 달콤하고 향신료가 연상되는 풍부한 향이 납니다.

하지만 아틀라스 시더우드도 지금은 멸종 위기종이기 때문에 공급이 적어요. 다른 시더우드와 여러 향을 섞어서 아틀라스 시더우드 향을 만들어 낸 제품이 많아요.

버지니아 시더우드는 우리가 나무 향이라고 생각했을 때 떠올리기 쉬운, 이케아 가구점에서 나는 향이나 새로 깎은 연필 향과 비슷한 향을 냅니다. 실제로 연필을 만들 때 쓰여서 더욱 친숙한 향이에요.

사람들이 일상적으로 접하기 쉬운 나무 향을 가장 잘 표현하기 때문에 널리 쓰이고 있고, 다른 나무 향과 함께 쓰여 더 우디한 향을 만들어 주는 역할을 해요.

버지니아 시더우드는 시더우드라는 이름을 가지고 있지만 아틀라스 시더우드와 다른, 향나무 속에 속하는 나무예요. 향수에서는 향나무(영어로는 주니퍼)라는 이름보다는 버지니아 시더우드라는 이름을 주로 씁니다.

텍사스 시더우드 역시 향나무예요. 버지니아 시더우드보다는 조금 더 스모키하고 강한 향을 가지고 있지만, 버지니아 시더우드와 아주 흡사한 향을 냅니다. 버지니아나 텍사스 시더우드는 멸종 위기종도 아니고, 키우기 어렵지 않습니다.

사이프러스

사이프러스는 빈센트 반 고흐의 작품에서 보셨을 길고 뾰족한 모양의 나무예요. 정원수로 많이 심습니다. 향수에도 많이 쓰이는 향입니다. 사이프러스는 키프로스 섬에서 많이 자랐기 때문에 그리스어인 키프로스에서 라틴어, 프랑스어를 거쳐 영어로 사이프러스라는 이름을 갖게 되었답니다.

사이프러스는 탑 노트에 들어가기도 하고, 잔향에도 쓰이며, 향수 전체에 우디함과 상쾌함을 더해 주기도 합니다. 소나무, 시더우드와 비슷하게 우디한 향이 나지만, 침엽수가 연상되는 피톤치드 특유의 향도 있어요.

나무가 아닌 잎을 주로 증류해서 향을 추출하는데요. 그래서 더 잎사귀가 연상되는 초록빛 향이 납니다.

최근 사이프러스 종류 중 각광받고 있는 것은 히노끼예요. 영어로는 재패니즈 사이프러스인데요, 일본 토착 나무입니다. 일본에서 전통적으로 신사, 궁전, 제단, 노(전통 연극) 무대, 목욕탕 등을 짓는 데에 쓰였습니다. 아주 귀한 목재였고, 오래전부터 '신이 내린 나무'라고 신성시했어요.

꼼 데 가르송, 시세이도, 주올로지스트, 디에스 앤 더가 등 여러 브랜드에서 히노끼 향에 주목하기 시작하면서 히노끼가 들어가거나 히노끼를 주 테마로 한 향수가 나오고 있어요. 대표적으로 꼼 데 가르송의 '센트 원: 히노끼', 불리 1803의 '오 트리플 수미 히노끼' 등이 있죠.

일반적인 사이프러스와 달리 히노끼는 목재 자체에서 오일을 추출해 냅니다. 약간 레몬 같은 시트러스류의 향이 섞여 있어서, 무겁고 갑갑하게 느껴질 수 있는 우디한 향에 상쾌함을 더해 줘요.

현재 향수계에서는 새로운 향을 찾으려 여러 방면에서 노력 중인데요, 히노끼 향의 가볍고 밝은 느낌은 몇 년간 향수계를 지배하던 오우드의 무겁고 강렬한 느낌에 좋은 대비가 되어 앞으로 유행할 것 같습니다.

히노끼 향이 들어간 향수는 2020~2023년 사이 특히 많이 늘었습니다. 앞으로는 더 많이 쓰일 걸로 보여요. 특히 최근 중국과 한국, 일본에서 향수에 대한 수요가 늘고 있는데요, 이 나라들에선 튀지 않고 무난하고 가벼운 향수를 선호하는 경향이 있어요. 히노끼는 이에 아주 잘 들어맞는 특징을 가진 향입니다.

소나무, 전나무

소나무와 전나무는 침엽수가 연상되는, 피톤치드가 떠오르는 향을 가졌습니다. 소나무의 향은 좀 더 독특해요. 캔 음료수 '솔의 눈'을 마셔 보신 분이라면 모두 공감하실 거예요. 서양에는 '파인-솔'이라는, 소나무 오일이 들어간 세척제를 떠올리는 분들이 많다고 해요. 잘못하면 소나무 향에서 이 세척제 향이 연상되기 때문에 향수에 많이 쓰이지는 않습니다. 민트 향이 치약을 연상시키기 때문에 향수에 잘 쓰이지 않는 것과 비슷해요.

한편 전나무는 우디한 향이나 숲 향을 표현할 때 쓰여요. 특히 서양에선 크리스마스 트리에 전나무를 주로 사용하기 때문에 겨울 향수에 크리스마스 분위기를 낼 때 쓰기도 합니다. 러쉬의 '프레시 애즈'에 소나무 향이 들어가죠.

가이악 우드

가이악 우드는 여러 종류가 있어요. 보통은 물에 가라앉을 정도로 단단하기 때문에 목재로 많이 쓰여요. 향수계에서는 가이악 우드와 팔로 산토라는 이름을 혼용하고 있습니다. 엄밀히는 다른 종의 나무지만, 가까운 친척 관계거든요.

팔로 산토는 요즘 스머지 스틱이나 인센스 스틱으로 태워서 나는 향을 즐기는 용도로 많이 들어오고 있습니다. 라이프스타일 제품을 파는 편집숍에서 찾아보실 수 있을 거예요.

남아메리카가 원산지인 팔로 산토 나무는 그곳 선주민先住民(이주민 전에 살고 있던 사람들)들에게 신성한 나무입니다. 50~70년이 지나야만 완전히 자라기 때문에, 환경 파괴와 마구잡이 벌목 등으로 인해 멸종 위기에 처했었어요.

페루에서는 선주민 문화를 존중하고 나무를 멸종에서 구하기 위해 2006년부터 자연적으로 쓰러진 나무나 떨어진 나뭇가지만 사용할 수 있게 했습니다. 2014년에 접어들면서는 이런 보호 조치의 결과로 팔로 산토 나무 개체 수가 늘어나면서 보호 목록에서 빠졌고, 훨씬 많이 거래되기 시작했습니다.

팔로 산토는 나무의 중심 부분인 심재에서 오일이 가장 많이 나와요. 부드럽고 은은하며 우디한 향과 더불어 감초가 연상되는 달콤한 향과 민트, 시트러스 향이 약간 느껴집니다.

가볍고 미묘한 향 때문에 최근에 히노끼와 함께 각광받고 있는 향료 중 하나입니다. 바이레도의 '오픈 스카이'에 팔로 산토가 들어가요.

로즈우드

로즈우드는 여러 용도로 아주 인기가 있었던 귀한 나무입니다. 목재로 쓰면 특유의 어두운 붉은빛부터 고동색에 가까운 갈색의 진한 빛깔이 매력적이죠. 악기에 사용하면 뛰어난 소리를 냅니다. 굉장히 단단해서 가구에도 많이 사용되었죠. 우디, 시트러스, 장미꽃 향이 납니다.

그래서 이 나무가 처음 발견된 브라질에서는 날개 돋친 듯이 팔려나갔고, 곧 멸종 위기종이 되었습니다. 지금까지도 로즈우드를 거래하는 것은 멸종 위기에 처한 야생 동·식물종의 국제 거래에 관한 협약에 따라 불법입니다.

지금은 여러 가지 다른 향료를 혼합해 로즈우드 향을 만들어 내요. 2016년에 페루에서 합법적이고 지속 가능한 방법으로 로즈우드를 재배하고 수확하는 곳이 생겼는데요. 천연 향료는 이런 곳에서만 구할 수 있을 거예요. 우디 향의 트렌드를 주도했던 톰 포드의 '오우드 우드'에 로즈우드도 들어갑니다.

아키갈라우드, 캐쉬미어 우드, 에보니 우드

이제 가짜 나무 향을 살펴볼까요? 먼저 말씀드려야 할 건 이 향료들이 '가짜 나무 향'이라고 해서 향의 질이 떨어진다거나 몸에 해로운 건 아니라는 점이에요.

아키갈라우드는 이름부터 아주 이국적인 느낌을 줍니다. 하지만 아키갈라우드는 패츌리 오일에서 나는 특정 성분을 분리해 만든 향입니다. 오우드와 패츌리의 중간쯤에 있는, 약간 후추 향이 나면서 따스하고 우디한 향료예요. 세계 1위 향수 및 향료 업체인 지보단이 개발한 물질입니다. 아키갈라우드가 들어간 향수는 톰 포드의 '푸제르 다르장트'가 대표적입니다.

비슷한 향으로 클리어우드가 있는데, 세계 2위 향수 및 향료 업체인 피르메니히가 만든 물질입니다. 패츌리의 뿌리 느낌 향을 없애고 깔끔하고 부드러운 우디 향을 내기 위해 만들었어요. 페퍼우드라는 향도 있는데요, 지보단이 만든 향이고 후추 같은 매콤함과 우디함이 특징입니다.

향료 업체에서는 우리가 향을 더 다채롭게 즐길 수 있도록 합성향을 만들기도 하고, 한 향료의 특정 향만을 내는 물질을 추출해 분리하기도 해요. 알레르기 유발 성분을 뺀 향료를 만들기도 하죠.

캐쉬미어 우드는 블론드 우드, 캐시메란이라고도 해요. 실제 어딘가에서 자라는 나무가 아니라, 1968년에 IFF가 개발한 물질입니다. 부드럽고 따스한 우디함을 선사합니다. 오래된 종이의 바닐라 향, 과일의 달콤함, 향신료의 톡 쏘는 스파이시함이 조금씩 들어가고, 포근하고 따뜻한 느낌을 주기 때문에 아주 많이 쓰입니다. 프레데릭 말의 '덩 떼 브하'에 이 캐시메란 향이 정말 많이 들어가 있어요.

에보니 우드는 목재로 사용하는 흑단나무의 어두운 빛깔에서 영감을 얻은, 무겁고 짙은, 강렬한 우디 향입니다. 톰 포드의 '에벤 퓨메'에 에보니 우드가 들어가요.

비슷한 사례로 마호가니가 있어요. 나무 자체는 특출난 향이 없지만, 마호가니의 붉은 빛깔에서 연상되는 향을 만들어 내고 있어요. 스파이시하고 우디한 향입니다.

③

애니멀릭

포근한 털에서 땀냄새까지

향수를 묘사할 때 '머스키하다', '머스크 향이 난다'는 표현을 쓰는 걸 보신 적이 있을 거예요. 머스크는 다른 동물성 재료와 함께 애니멀릭한, 동물적인 향에 속합니다.

동물성 원료나 음식을 피하는 비건 지향인 분들이 향수에 들어있는 머스크 성분도 피해야 하느냐는 질문을 자주 하시는데요, 결론적으로 말하면 그러실 필요는 없어요. 읽고 나면 왜인지 아실 수 있을 거예요.

동물적인 향이란 대체 무엇을 뜻하는 걸까요? 어떤 향을 애니멀릭하다고 표현할까요? 개나 고양이, 토끼 같은 포유류 반려동물을 키운 경험이 있는 분들은 반려동물을 끌어안고 털에 얼굴을 묻었을 때 나는 특유의 향이나, 반려동물의 발바닥에서 나는 냄새를 애니멀릭하다고 생각하실 수도 있을 겁니다.

애니멀릭한 향은 동물의 털에서 나는 향뿐 아니라 사람의 땀 냄새, 감지 않은 머리카락에서 나는 냄새, 공중화장실에서 나는 지린내 같은 향까지 포괄합니다.

이렇게 말하고 나니 왜 이런 향을 향수에 넣는지 의문이 생기실 것 같아요. 애니멀릭한 향은 잘 쓰면 향수에 포근함과 부드러움, 따스함을 가미해 줍니다.

애니멀릭한 향은 아주 오랫동안 여러 문화권에서 관능적인 향으로 평가받았습니다. 최음제나 강장제의 원료에도 많이 쓰였고, 음식에 들어가기도 했어요. 상대방을 유혹할

경험들 1 - 향수 수집가의 향조 노트

수 있다는 믿음을 바탕으로 사용됐습니다.

지금도 아주 다양한 향 제품에 들어갑니다. 공기에 퍼지는 속도가 느리기 때문에 잔향 노트로 많이 사용해요. 애니멀릭한 향이 주가 되는 향수 역시 많습니다.

애니멀릭한 향을 내는 원료는 아주 여러 가지가 있는데요. 지금부터 애니멀릭 원료의 역사와 향에 대해 이야기해볼게요. 이 향이 어떻게 만들어지고 쓰이고 있는지도 살펴봐요.

머스크

대표적인 애니멀릭한 향인 머스크는 사향이라고도 해요. 사향의 원료는 주로 사향노루의 향낭입니다. 수컷 사향노루는 배꼽과 성기 사이에 향낭이라는 기관이 있는데요. 짝짓기 철에 여기서 나는 향을 이용해 암컷의 관심을 끕니다.

사향은 6세기에 그리스인들이 인도에서 발견해 서양으로 소개했어요. 이후에 중동과 비잔틴의 조향사들이 향을 추출해 내는 데 성공했고, 이때부터 서양에서 향료로 쓰였습니다. 음식에 넣어 먹기도 했죠. 지금도 호주에는 머스크 향이 나는 '머스크 스틱'이라는 사탕이 있어요.

머스크는 약재로도 많이 쓰였습니다. 서양에는 '머스크 줄렙'이라는 약용 음료가 있었어요. 한약에도 들어가죠. 조선시대에도 향이 들어간 주머니인 향낭에 사향을 넣었다고 해요.

사향노루 외에 사향과 비슷한 향을 내는 다른 동물들도 있어요. 사향쥐(머스크랫)가 머스키한 향을 낸다는 것이 17세기에 밝혀졌고 1940년대에 이 향을 추출하는 법이 연구되기도 했습니다. 다만 상업적으로 수지타산을 맞추는 것이 불가능한 것으로 결론이 났죠.

사향오리, 사향소, 사향땃쥐, 사향거북, 사향하늘소, 스라소니, 미국 악어, 몇 종류의 뱀과 악어도 사향 비슷한 향을 내지만, 가장 널리 알려지고 질이 좋은 사향은 사향노루에서 나와요.

사향을 원료로 만드는 머스크는 고농도일 땐 분비물과 배설물 같은 향이 나는데, 저농도로 희석하면 부드럽고 달콤하고 따스하고 포근한 향이 납니다. 몇 방울만으로도 향을 고정시키는 역할을 훌륭히 해내기 때문에 향수에서는 주로 저농도로 희석되어 많이 쓰였어요.

19세기 말부터 향수 산업이 발달하면서 머스크에 대한 수요는 폭발적으로 늘었고, 사향노루의 수가 급감하게 되었습니다. 머스크를 얻기 위해 사향노루를 무분별하게 사냥했기 때문이었죠. 머스크 1kg을 추출하려면 적당히 큰 크기의 향낭을 가진 사향노루 수컷 40마리를 죽여야 합니다. 사향노루 개체 수가 감소하면서 머스크 원료의 값은 점점 더 올라갔어요.

1888년에 합성 머스크가 발명되었지만, 당시의 조향사들은 천연 머스크를 계속 쓰자는 운동을 벌였어요. 합성 머스크를 쓰는 것은 향수의 품질을 떨어뜨리는 일이고, 새로운 화학 물질이기 때문에 위험성이 있다는 주장이었습니다. 그래서 1900년대 들어 1960~70년대까지도 사향노루는 계속해서 사냥감이 됐어요.

사향노루 사냥은 벌이가 좋은 산업이기도 했죠. 머스크 1kg당 40만 프랑을 벌 수 있었다고 합니다. 당시 프랑스의 월 최저 임금이 1500프랑 정도였다고 하니 얼마나 큰 가치를 만들어 냈는지 알 수 있죠. 사향노루 수는 점점 더 줄었습니다.

결국, 1979년에 사향노루는 멸종 위기에 처한 야생 동·식물종의 국제 거래에 관한 협약에서 거래와 사냥 금지 목록에 올랐습니다. 더 이상 사향노루에서 나오는 천연 머스크를 사용하지 못하게 된 것이죠. 이후부터 합성 머스크가 많이 쓰이기 시작했습니다.

천연 머스크는 블랙 머스크, 합성 머스크는 화이트 머스크라고 불립니다. 우리가 현재 향수에서 맡을 수 있는 머스크는 화이트 머스크입니다. 물론 아직도 블랙 머스크를 사용하는 곳이 있을 수도 있겠지만 상업적으로 이윤을 낼 수 없기도 하고, 불법이에요.

머스크가 들어간 대표적인 향수로는 프레데릭 말의 '뮤스크 라바쥐', 키엘의 '오리지널 머스크'와 '블랙 머스크', 더 바디 샵의 '화이트 머스크' 등이 있습니다. 애니멀릭 계열의 기본적인 향이기 때문에, 익숙한 분들도 많을 거예요.

시벳

애니멀릭한 향의 또 다른 종류로 시벳, 즉 사향고양이의 사향에서 추출하는 향이 있습니다. 이름과는 달리, 사향고양이는 우리가 생각하는 '고양이'의 모습이 아니에요. 하이에나나 몽구스와 더 가까운 친척입니다. 배설물에서 추출한 커피를 볶아 만드는 루왁 커피로 잘 알려져 있죠.

사향고양이를 영어로 시벳이라고 합니다. 향수의 원료가 되는 시벳을 추출하는 사향고양이는 아프리카사향고양이, 큰인도사향고양이, 작은인도사향고양이 이렇게 세 종류가 있습니다. 주로 아프리카사향고양이에서 채취해요. 사향고양이는 암수 모두 회음부의 향낭에서 영역 표시에 쓸 시벳을 만들어요.

고농도의 원료를 직접 맡았을 때에는 고양이 오줌 같은, 엄청나게 강한 지린내가 납니다. 저농도로 희석하면 따스함과 포근함, 부드러운 빛이 나는 것 같은 아름다운 향을 내기 때문에 향수에 자주 쓰이죠. 시벳 역시 아주 효율적으로 향을 고정해서 더 오랫동안 향이 나게 하는 역할을 합니다.

문제는 시벳이 사향고양이에게 상당한 스트레스를 주는 방법으로 생산된다는 거예요. 사향고양이가 스트레스를 많이 받으면 더 많이, 더 강한 향을 내는 시벳을 생산해 내기 때문입니다. 일부러 화나고 짜증나게 만들기 위해 막대기로 찌르거나 채찍으로 때리는 것이 일반적인 생산 방법이에요.

라이벌이 나타났을 때 "여긴 내 영토니까 얼른 꺼져!"라고 말하기 위해 생산하는 물질이기 때문에 불안하고, 흥분한 상태에, 겁 먹고 화난 사향고양이가 더 강한 시벳을 생성해내는 것은 아주 자연스러운 일입니다.

우리 인간들은 이걸 억지로 채취하기 위해서 사향고양이를 좁은 곳에 가두고 여러 방법으로 괴롭힙니다. 야생 사향고양이가 사는 곳을 찾아서 나무나 바위에 붙어 있는 시벳을 긁어내지 않는 한, 윤리적으로 문제가 없는 시벳 채취는 불가능해요.

심지어 야생에서 시벳을 채취한다고 해도, 사향고양이는 화를 낼 거예요. "내가 분명 여기에 내 자리라고 표시해 뒀는데 없어졌네"하고 놀랄 테니까요.

이런 이유로 천연 시벳은 1970년대부터 동물 보호 단체에서 사용 금지를 요구해 왔습니다. 향수 시장에서도 합성 시벳을 쓰기 시작했고, 지금은 국제향료협회IFRA가 천연 시벳 사용을 전면 금지하고 있습니다.

대중적으로 팔리는 향수 중에 천연 시벳은 없다고 보시면 돼요. 동물 학대 문제도 크지만, 너무 비싸기 때문이에요. 1940년대에 나온 합성 시벳인 시베톤이나 시베톨같은 물질을 쓰고 있어요.

화이트 머스크와 마찬가지로 합성 시벳 향에서는 애니멀릭한 향 특유의 꼬릿한 동물적인 향이 많이 줄어들었다는 평가가 있어요. 그럼에도 불구하고 제 경험상 시벳 합성향은 화이트 머스크보다는 조금 덜 깨끗한 느낌을 가지고 있습니다. 더 꼬릿하고 따스하며, 따뜻한 동물의 털에 얼굴을 파묻을 때 나는 향이 납니다. 시벳이 들어간 향수로는 입생로랑 '쿠로스', 주올로지스트 '시벳' 등이 있습니다.

많은 분들이 동물 학대나 착취에 대해 걱정하시는데요, 지금의 향수에 들어가는 원료는 대부분 합성 화이트 머스크, 합성 시벳이기 때문에 걱정하지 않으셔도 됩니다.

제가 가진 몇 개의 빈티지 향수에는 천연 시벳이나 블랙 머스크가 들어가 있어요. 본격적인 규제 전에 생산됐기 때문이죠. 향을 맡아 보면 아주 아름답고, 현재 합성 시벳이나 화이트 머스크로는 표현할 수 없는 깊이감과 풍성함이 있습니다.

그런데 그 향을 위해 지금까지 천연 재료를 썼다면, 아마 사향노루는 멸종했거나 아주 소수만 살아남아 멸종 위기에 임박한 동물이 되었을 겁니다. 사향고양이 농장에서 다수의 사향고양이들이 잡혀 고통받고 있겠지요. 어떤 향수도 그만큼의 가치는 없다고 생각합니다.

캐스토리움

캐스토리움은 우리말로 해리향입니다. 해리는 한자로 비버를 뜻하는데요, 비버의 생식선에서 채취하기 때문에 이런 이름이 붙었습니다.

유럽에서 자생하던 유라시안 비버는 멸종 위기에 처해서 20세기 초반엔 야생에 1200마리밖에 남지 않았어요. 대신 사람들은 북미 대륙의 비버를 사냥해서 채취한 캐스토리움을 쓰곤 했습니다.

비버는 사향고양이와 비슷하게 캐스토리움과 오줌이 섞인 물질을 사용해 영역을 표시합니다. 사향고양이와 달리 비버를 농장식으로 기르기는 거의 불가능해요. 댐을 만드는 습성이 있어 넓은 영토가 필요하기 때문에 사육이 굉장히 까다롭습니다.

동물원에서도 비버를 사육하기 위해서는 물과 인공적으로 만든 집, 나무, 그리고 굴을 파는 습성에 맞는 바닥재가 필요해요. 영역이 확실한 동물이기 때문에 서로 관계가 없는 여러 마리를 가두어 두면 서로 맹렬하게 공격합니다. 결국 캐스토리움을 추출하거나 모피를 얻으려면 야생 비버를 사냥해야 하는 거죠.

향수에서 캐스토리움은 고농도일 땐 굉장히 꼬릿하고 연기 같고 가죽 같은 향을 냅니다. 희석하면 조금 더 부드럽고 따스하고 포근하고 동물적이에요. 가죽과 함께 약간의 과일 향이 나요. 향을 고정해 주는 역할을 하기 때문에 각광받았습니다.

지금도 캐나다 정부에서는 해마다 쿼터제를 정해 특정 기간에 허가를 받은 사람들만 제한된 수의 비버를 사냥할 수 있게 합니다. 천연 캐스토리움은 이때 채취되는데요, 판매 자체에도 여러 규제가 걸려 있어 굉장히 비쌉니다.

살아있는 비버를 마취시킨 후 생식샘을 짜내어 캐스토

리움을 추출하고 풀어주는 방법이 최근에 개발되었다고 하는데, 상업적인 용도로 대중화될지는 미지수예요.

비버를 죽인 부산물로 만드는 것이건, 살아있는 비버에서 채취한 것이건 이것만으로는 향수 업계에 캐스토리움을 공급하는 것이 불가능합니다. 세계자연기금WWF이 향수에 쓰이는 비버 거래를 한시적으로 금지하기도 했고요. 그래서 대부분의 대중적인 향수에서는 합성 캐스토리움을 씁니다. 캐스토리움 향이 들어간 대표적인 향수로는 주올로지스트의 '비버'가 있어요.

앰버그리스

가끔 무협지나 동양풍 소설, 고전 소설들을 읽으면 '용연향'이라는 단어를 볼 수 있는데요, 이게 바로 앰버그리스입니다.

용연향이라는 단어는 용의 침이라는 뜻인데요. 고대 중국에서 이 향을 발견은 했지만 어떻게 만들어졌는지 몰랐기 때문에 '용의 침이 굳은 것'이라 생각해서 붙인 이름이에요. 아주 귀하고 찾기 어려운 재료기 때문에 왕족이나 귀족만 쓸 수 있었습니다.

고대 이집트에서는 향을 태울 때 용연향을 썼다는 기록이 있어요. 서양에서도 용연향은 고급 재료였습니다. 찰스 2세는 앰버그리스가 들어간 스크램블드 에그를 좋아했다고 하고, 흑사병이 돌던 시대에는 앰버그리스를 들고 다니면 그 향으로 질병을 퍼트리는 더러운 공기를 피할 수 있다고 믿었습니다.

앰버그리스의 출처는 아주 오랫동안 비밀에 휩싸여 있었습니다. 용의 침이 굳은 것이다, 해조류의 일종이다, 바다새의 분변이 굳은 것이다 등 여러 가설이 있었죠.

밝혀진 앰버그리스의 출처는 해조류도, 바다새도 아닌 향유고래였어요. 소설 〈모비 딕〉에도 썩어가는 향유고래 시체 뱃속에서 앰버그리스를 찾는 대목이 있어요.

향유고래는 대왕오징어도 잡아먹는데요, 오징어나 낙지, 문어 같은 두족류는 입 부근에 날카로운 부리같이 생긴 기관이 있어서 게나 기타 먹잇감을 잘라 먹습니다. 이 날카로운 기관이 고래 뱃속에서 소화되지 않고 장으로 넘어가면, 장 운동 과정에서 내벽을 찌르거나 자극할 위험이 있죠. 그래서 향유고래는 장에 상처가 나는 것을 방지하기 위해 담관에서 특별한 물질을 만들어 냅니다.

날카로운 물질을 기타 분비물과 함께 더 쉽게 빼낼 수 있도록 감싸는 건데요. 이게 앰버그리스입니다. 향유고래의 1~5%만 앰버그리스를 생성한다고 추정되고 있어요. 대부분의 향유고래는 이런 소화 문제를 겪지 않는 것 같아요. 앰버그리스가 고래의 토사물이라는 이야기도 있지만, 고래의 배변 활동 과정에서 나온다는 것이 다수설입니다.

앰버그리스가 장에서 너무 크게 형성되면 고래는 배변 활동을 못해서 죽어요. 바다 바닥으로 가라앉은 고래 시체를 다른 동물들이 먹는 과정에서 장이 열리면 앰버그리스가 물에 뜨면서 바다 표면으로 올라옵니다. 앰버그리스가 물에 둥둥 떠다니다 해변에 밀려 올라와서 누군가 운 좋게 발견하면 팔리는 것이죠.

이런 과정을 거치는 데 매우 오랜 시간이 걸리는 건 당연하겠죠? 게다가 향유고래 중에서도 극히 일부만 이 물질을 생성하며, 발견하는 것도 쉽지 않아요. 고대부터 아주 귀한 재료로 취급될 만하죠.

바다에서 숙성되는 과정에 따라 검은색, 갈색, 짙은 회색, 옅은 회색, 흰색 등 다양한 빛깔을 갖게 되는데, 색깔이 옅을수록 더 긴 숙성 과정을 거친 앰버그리스입니다.

옅은 색의 앰버그리스가 향도 더 풍부해요. 살짝 동물적인 향이 나지만 동시에 바다가 연상되는 짭짤한 향, 흙냄새 같은 향, 꽃향, 부드러운 달콤한 향이 은은하게 납니다. 검은 앰버그리스는 배변 활동을 거친 지 얼마 오래되지 않았기 때문에 지린내와 분비물 같은 강렬한 향이 나요.

앰버그리스는 향을 고정해 주고, 다른 여러 가지 향을 부드럽게 잇는 역할도 합니다. 굉장히 비싸지만, 조향사들에게 사랑받은 이유가 바로 여기에 있죠.

겔랑의 3대 조향사인 자크 겔랑은 앰버그리스를 판매하는 사람에게 이렇게 말했다고 해요. "당신은 이 물질을 고약한 가격에 팔아요. 거의 아무 향도 나지 않는데도요. 하지만 이걸 넣지 않으면 고객들이 제 향수를 좋아하지 않죠."

현재 천연 앰버그리스는 그 희귀성 때문에 '물에 뜨는 금'이라고 불릴 만큼 비싸요. 일부 국가에서는 거래 금지 물품이죠. 그래서 사업성이 없어요.

대신 1950년에 발명된 앰브록산이라는 합성향료가 널리 쓰이고 있습니다. 아마 여러분이 맡아 보신 대부분의 향수에는 앰브록산이 들어갈 거예요. 대표적인 향수로는 아쿠아 디 파르마의 '앰브라'가 있습니다.

하이라시움

하이라시움은 바위너구리라는 아주 귀여운 동물이 만들어 내는 성분입니다. 지금까지 우리는 동물들이 생식선, 향낭 등에서 여러 이유로 향을 내는 성분을 만든다고 이야기했는데요, 코끼리의 친척인 바위너구리가 만드는 하이라시움은 조금 달라요. 원료 채집을 위해 죽이거나 사육할 필요가 없죠.

하이라시움은 앰버그리스나 바다새가 만들어 내는 물질인 구아노와 비슷하게, 바위너구리의 똥과 오줌이 빗물, 흙 등 여러 물질과 섞여 오랫동안 숙성되고 굳어서 생성되는 물질입니다.

바위너구리는 무리지어 사는데, 늘 같은 곳에서 배변 활동을 하는 습성이 있어요. 몇십 년, 몇백 년, 심지어는 몇천 년 이상 바위너구리들이 배변한 전통(?)이 있는 곳에 하이라시움이 쌓여 있기도 합니다.

바위너구리를 괴롭히지 않고도 채취할 수 있는 거죠. 바위너구리가 사는 곳 근처에 가서 돌처럼 딱딱하게 굳은 하이라시움을 주워서 가져오기만 하면 되니까요.

물론 이 물질을 구하기 위해 바위너구리의 서식지에 너무 자주 들락거려서 스트레스를 받게 할 수는 있어요. 굴을 파괴하는 일이 벌어질 수도 있죠. 하지만 흔하게 발견되는 물질이어서 아직은 서식지 파괴를 일으키지 않고도 쉽게 구할 수 있어요.

하이라시움은 고대 이집트에서는 미라를 만드는 데 쓰였고, 남아프리카와 중동에서는 약재로 쓰였어요. 가죽향이 섞인 꼬릿한 동물적인 향을 냅니다.

동물을 학대하거나 죽이지 않고도 구할 수 있는 원료라, 최근 서양 향수계에서 주목받고 있어요. 그럼에도 불구하고 동물성 원료를 피하시는 분들은 하이라시움이 들어간 향수도 선호하지는 않죠. 비건 지향이시라면 하이라시움은 하이락스, 아프리칸 스톤이라고도 하기 때문에 이런 이름의 향조가 들어간 향수는 피하시는 것이 좋겠습니다.

하이라시움은 주올로지스트의 '하이락스'에 많이 들어가 있습니다.

암브레트

보통 애니멀릭한 향이면 동물이 재료일 거라고 생각하실 거예요. 말 그대로 애니멀릭이니까요. 물론 이게 아주 틀

린 말은 아닙니다. 전통적으로 동물에서 추출된 향이 애니멀릭이라는 이름을 갖게 된 건 맞아요.

하지만 최근에 화학과 식물학이 발달하면서 동물과는 전혀 상관없는 식물에서 머스크 같은 향이 나는 것을 발견해서 추출할 수 있게 되었어요.

이런 식물성 원료는 동물성 물질이 아니면서 합성향도 아닌, 애니멀릭 향의 훌륭한 대안으로 자리 잡았습니다. 애니멀릭한 향을 좋아하는데 합성향이나 동물에서 추출한 향이 꺼려진다면 식물성 원료가 들어가는 제품을 사는 것도 방법이에요.

식물성 원료라고 해서 향의 지속력과 확산력이 떨어지지도 않습니다. 굉장히 오래 가고, 널리 퍼지게 만들 수 있어요.

대표적인 식물성 애니멀릭 향조가 암브레트예요. 한국어로는 사향아욱이라고 합니다. 예쁜 꽃을 피우는 사향아욱은 영어로는 머스크 맬로musk mallow라고 하죠.

암브레트, 암브레트 씨드라고 불리는 향은 사향아욱의 씨에서 추출하는 향인데요, 비교적 최근에 이 향을 추출하는 기술이 개발된 후 여러 곳에서 쓰이고 있습니다.

향수에 사용한 것은 얼마 안 됐지만 인도에서는 이 씨앗을 오래전부터 요리에 쓰곤 했어요. 인도에서 시작된 고대 전통 의학 체계인 아유르베다 의학에선 약재로도 사용했습니다.

달팽이 껍데기처럼 생긴 씨앗에서 암브레트 추출물이 나와요. 씨앗을 말린 후에 성분을 뽑아내서 사용합니다.

어떤 과정을 통해 향료를 뽑아냈는지에 따라 향이 조금씩 달라져요. 에센셜 오일, 엑스트레 혹은 추출물, 그리고 이산화탄소를 통해 추출하는 방식이 있어요.

에센셜 오일로 만드는 두 가지 방법이 있어요. 먼저 눌러서 기름을 짜내 향을 추출하는 방식이 있습니다. 보통 열에 약한 향료들이 이런 과정을 거쳐요. 두 번째는 증류법입니다. 원료를 물에 넣고 끓이거나, 수증기를 밑에서 불어넣은 후 떠오른 기름을 채취하거나, 향 분자가 섞인 수증기를 냉각시켜 기름과 물을 분리해 내는 과정을 통해 향료를 얻어요. 암브레트 씨앗이 이 과정을 거치면 굉장히 애니멀릭하고 강렬한 향이 납니다.

엑스트레(추출물) 방식은 재료를 용기에 넣고 용매를 넣어 향을 용매에 배게 한 다음 저온에서 용매를 제거한 후에 남은 향료를 얻는 겁니다. 암브레트 씨앗은 이 과정을 거친 후엔 숙성이 필요해요. 숙성이 끝나고 나면 은은하면서도 풍부한, 달콤한 머스크와 꽃향이 납니다.

이산화탄소를 이용하는 방법도 있어요. 이산화탄소에 압력을 가해 액체와 기체의 중간 상태로 만든 뒤 향료가 있는 곳에 넣어 향을 배게 합니다. 그리고 이산화탄소에 가해진 압력을 빼서 기체 상태로 만들어서 기체에 남아 있는 향 분자를 빼내는 방식이에요. 조금 더 분가루 같고, 우디하고,

달콤합니다. 은은하고 연한 향이 나죠.

주올로지스트 '머스크 디어', 르 라보 '암브레트 9'와 '어나더 13'에 암브레트가 들어갑니다.

코스투스

코스투스 루트는 코스투스라는 식물의 뿌리입니다. 향수에 쓰이는 코스투스는 Dolomiaea costus 혹은 Saussurea costus라고 불리는 엉겅퀴와 친척인 식물이에요. 한국에서는 운목향이라고 불렸어요.

중국, 한국, 일본 등지에서 한약재로 자주 쓰였고, 인도에서는 아유르베다 의학에서 약재로 쓰이곤 했습니다. 이슬람의 쿠란에도 약재로 등장하는 아주 역사가 긴 재료죠.

코스투스 뿌리에서 향을 추출해 냅니다. 고양이 털에 얼굴을 파묻었을 때 나는 냄새, 감지 않은 머리카락이나 두피와 비슷한 향이 나요. 굉장히 꼬릿하고 애니멀릭해요. 땀 냄새가 연상되기도 합니다. 젖은 개한테서 나는 냄새, 혹은 염소에서 나는 냄새에 비유하기도 해요.

하지만 특유의 향을 맡다 보면 뭔가 포근하고 따스한 느낌이 들어요. 꼬릿한 향이 취향에 잘 맞거나 익숙해진 분들은 친숙한 느낌, 부들부들한 질감이 연상된다고 표현하기도 합니다.

코스투스 향조는 향을 고정하는 역할도 하고, 다른 향과 배합했을 때 전체 향에 흙의 느낌, 우디함, 애니멀릭한 따스함을 줘요.

그러나 원산지인 히말라야 근처 지방이 개발되기 시작하며 환경이 파괴되어 자생지가 크게 감소하고, 야크 등 가축을 키우는 목축업에 종사하는 사람들이 늘기 시작하면서 코스투스가 사라지기 시작했습니다. 오랫동안 여러 문화권에서 약재로 쓰이는 동안 무책임하게 채취하는 사람들이 늘어 멸종 위기종이 되었죠.

최근에는 코스투스 뿌리가 민감한 사람들에게는 피부염을 일으킬 수 있다는 연구 결과가 나오면서 더 이상 사용되지는 않아요. 지금은 합성향을 쓰거나 다른 식물에서 추출된 향을 이리저리 배합해 비슷한 효과를 내도록 만들어 사용하고 있습니다.

코스투스 향이 들어가는 대표적인 향수로는 MDCI의 '시프레 팔라틴'이 있습니다.

자작나무 타르

자작나무 타르는 영어로 버치birch 타르라고 부르기도 하는데요. 가죽향, 향수에서는 레더리라고 표현하는 향을 내요.

가죽 향이 애니멀릭한 향에 포함되는지에 대해서는 의견이 분분하지만, 동물성 느낌이라고 보고 애니멀릭으로 분류했어요.

원래 가죽은 만드는 과정에서 굉장히 역겨운 향이 나요. 향수의 역사를 살펴보면 과거에는 향수를 몸에 직접 뿌리기보다는 손수건, 옷, 장갑 같은 물건에 뿌렸어요. 특히 가죽 공방에서 갓 완성된 가죽의 냄새를 없애기 위해 향수를 뿌렸습니다. 가죽 자체를 연상시키는 종류의 향은 초기 향수에서 잘 쓰이지 않았어요. 가죽 냄새를 지우기 위한 제품에서 다시 가죽 향이 나면 이상하니까요.

1880년에 연기와 가죽을 연상시키는 퀴놀린이라는 화학 성분이 발견되면서 가죽 향 향수를 만들기 시작했는데요, 1917년 러시아에서 공산주의 혁명이 일어나면서 가죽 향이 더 주목받기 시작합니다. 당시 많은 러시아 이민자들이 서유럽으로 흘러들어오기 시작했어요. 서유럽에선 공산주의 혁명 전의 러시아 문화에 심취하는 사람들이 나타나기 시작했습니다. 대표적인 것이 러시아식 가죽이었죠.

러시아에서는 군인들이 자작나무 껍질에서 추출한 기름을 가죽에 발라 방수 효과를 내고, 가죽을 튼튼하고 유연하게 만들었습니다. 러시아 가죽은 17~18세기 러시아의 주요 수출품 중 하나였을 만큼 유럽에서 인기가 있었어요. 그래서 자작나무 껍질과 자작나무 타르에서 오일을 추출하거나 이런 향을 내는 향수들도 관심을 받게 된 거죠.

자작나무 타르는 구덩이를 판 후, 자작나무 껍질을 구멍이 난 용기에 넣은 뒤 주변에 불을 때서 만듭니다. 구멍을 통해 자작나무에 있던 기름 성분이 그릇으로 떨어지는데요. 이 향을 잘 정제하고 희석하면 가죽 향과 함께 매캐한 연기 같은 향이 납니다.

어떤 곳에서는 지금도 실제 자작나무 타르를 정제한 에센셜 오일을 쓰지만, 지금은 여러 합성향이 주로 쓰여요. 가죽 향이 향수에 들어간다고 해서 실제 가죽을 알콜에 담그고 향을 추출하는 건 전혀 아니에요.

샤넬의 '뀌르 드 루시'는 자작나무 타르 향을 이용해 가죽 향을 표현했습니다. 르 라보의 '패츌리 24'에도 자작나무 향이 들어갑니다.

까시, 우리에게는 노랑아카시아로 더 잘 알려진 나무의 껍질에서도 가죽 같은 향이 나죠. 양꼬치 집에 가면 볼 수 있는 쯔란(향수에서는 쿠민이나 커민)이라는 향신료에선 땀 냄새와 비슷한 향이 납니다. 이 향을 적당히 넣으면 마치 사람의 살결 냄새 같은 효과가 나요.

인도 음식점에서 밥을 노란 빛으로 물들이기 위해 쓰는 샤프란에서도 가죽 향이 납니다. 향수에서 가죽 향을 강조하기 위해 쓰이곤 해요.

홍차, 타바코(담배가 아니라, 담배 잎 냄새라고 생각하시면 됩니다), 패츌리 등 여러 재료를 혼합해서 애니멀릭하거나 레더리한 향을 만들어 내기도 해요.

앰버리

앰버리 혹은 오리엔탈

앰버리 혹은 오리엔탈 향은 설명하기가 좀 복잡해요. 우선 용어와 관련한 논란이 있어요. 향 계열을 정리한 표를 만든 조향사 마이클 에드워즈는 2021년에 더 이상 오리엔탈이라는 용어를 쓰지 않겠다고 선언했습니다.

그래서 웜, 앰버, 앰버리 등의 단어를 대신 사용하는 추세예요. 오리엔탈이라는 단어는 19세기 후반~20세기 초반 당시 서양 사람들이 동양, 특히 중동에 가졌던 일종의 인종차별적인 환상에 기반을 두고 있어요. 우리에겐 바로 와닿지 않을 수 있습니다. 간단하게 설명하자면 중동의 부유하고, 화려하고, 관능적이고, 풍성한 느낌을 주는 향이에요.

향수 중에서는 특정한 느낌을 표현하기 위해 마치 글을 쓸 때의 서론-본론-결론처럼 정해진 구조를 종종 따르는데요, 앰버리 계열은 이런 구조가 딱히 정해져 있지 않아요.

웜, 앰버, 앰버리라는 단어에서 이 계열 향의 특징을 엿볼 수 있어요. 바로 앰버를 사용해 따스한 느낌을 주는 향이라는 겁니다.

앰버는 뭘까요? 보통 앰버라는 말을 들었을 때 사람들은 호박석이라고도 불리는 보석 원석을 떠올립니다. 그래서 앰버 향이 호박석을 재료로 만들어졌다고 설명하기도 하더라고요.

하지만 향수에서는 호박석을 쓰지 않습니다. 그렇다면 앰버라는 용어는 왜 쓰는 걸까요? 앰버 향은 호박석의 따스하고 찬란한 빛깔과 색에서 영감을 받아 만들어진 일종의 추상적인, 상상의 향이기 때문입니다.

실제 호박석은 가열하면 송진 향이 난다고 하는데요, 앰버 향에서는 소나무 향이 나지 않습니다.

앰버향과 많이 헷갈리는 게 애니멀릭 향조에서 언급한 앰버그리스인데요. 앰버그리스 자체가 프랑스어로 회색 앰버라는 뜻이어서 혼란스러울 수 있어요. 그러나 앰버향과 앰버그리스는 분명히 다른 향입니다. 앰버그리스는 고래가 만들어 내는 천연 물질이고, 앰버 향은 여러 향료를 섞어서 만들어 낸 합성향이에요.

그렇다면 앰버 향은 실제로 무엇으로 만들어진 걸까요? 나무의 수지 종류 몇 가지와 바닐라 향을 합해서 만들어집니다. 라다넘, 벤조인, 발삼 등의 나무 진액을 추출한 것과 바닐라, 통카빈 향을 섞은 것이죠.

라다넘

먼저 라다넘(랍다넘)은 시스투스 라다넘이라는 식물에서 나오는 진액입니다. 이 식물은 한국에서는 락로즈라고도 불려요.

전통적으로 라다넘은 이 식물을 뜯어 먹은 염소의 털에 묻어 있던 수지를 목동들이 빗으로 빗어 모아 팔았다고 해요. 물론 최근엔 다른 방식으로 추출합니다. 채취 영상을 보면 일꾼들이 대걸레같이 생긴 물건을 덤불에 대고 마구 흔드는 게 보여요.

그러면 라다넘 수지가 길고 가느다란 파란색 가죽 끈에 달라붙습니다. 이걸 나중에 긁어내 라다넘을 만듭니다. 어떤 지역에서는 낫으로 식물에 상처를 내거나 잘라낸 후 나오는 진액을 모은다고 해요.

라다넘에선 따스하고 풍성하며 바닐라와 과일 같은 달콤함이 살짝 느껴집니다. 가죽 향, 그리고 매캐한 연기 향 비슷한 향도 나요. 전반적으로 굉장히 강렬하고 무거운 느낌이 드는 향입니다.

벤조인

벤조인은 때죽나무과의 식물에서 추출한 수지입니다. 인도네시아의 수마트라에서 자라는 나무인데, 수마트라에서 채취하는 벤조인이 가장 품질이 좋아요. 현재는 인도네시아뿐 아니라 다른 곳에서도 자랍니다.

나무에 상처를 살짝 내고 4~6개월이 지나면 수지가 굳는데, 이때 채취해서 3~6개월간 건조시켜야 하기 때문에 길게는 1년 정도의 기간을 거쳐야만 향수에 쓸 수 있어요. 벤조인은 바닐라와 비슷한, 따스하고 달콤한 향이 납니다.

발삼

발삼은 크게 페루 발삼, 톨루 발삼으로 나눌 수 있는데, 채취 방법이 달라서 향이 살짝 다릅니다.

페루 발삼은 추출할 때 나무껍질을 벗긴 후에 상처 부위에 천 같은 것을 꽁꽁 싸맵니다. 이러면 나무의 수지가 천에 배어 나와요. 이 천을 물에 끓이면 상대적으로 무거운 나무 수지는 바닥으로 가라앉습니다. 위에 있는 물을 버리면 페루 발삼이 남아요. 그래서 페루 발삼은 걸쭉한 액체 형태입니다. 페루 발삼에선 바닐라 향과 약간의 시나몬(계피) 향이 나면서 동시에 조금 더 흙 같고 쌉쌀한 향이 납니다.

톨루 발삼은 벤조인과 비슷하게 나무에 상처를 낸 다음 수지를 모아 만듭니다. 그래서 고체 형태인데, 주로 바닐라와 시나몬 향이 나고, 약간의 꽃 향도 있어요.

바닐라

바닐라는 우리에게 굉장히 친숙한 향입니다. 난초과의 식물이 열매를 맺으면 그것이 바닐라 원료로 쓰이죠. 어느 지역에서 키웠는지에 따라 버번 바닐라, 멕시칸 바닐라, 타히티 바닐라 등의 이름을 갖게 돼요. 여기서 버번 바닐라는 술 버번과는 관계가 없어요. 예전에 부르봉, 영어로 버번으로 불렸던 프랑스령 레위니옹 섬에서 자랐기 때문에 붙은 이름이거든요.

바닐라는 원래 멕시코가 원산지인데, 멕시코에서는 작은 벌이 바닐라 꽃을 수정해 줍니다. 그런데 다른 지역에는 이 벌이 없기 때문에 사람이 직접 꽃을 수정해야 해요. 1841년에 레위니옹 섬의 흑인 노예였던 에드몽 알비우스라는 12

살 소년이 인공 수정하는 방법을 알아낸 후 더 나은 방법이 개발되지 않아 지금까지도 일일이 수작업으로 수정해서 재배해요.

꽃 자체가 하루밖에 피지 않고 아침에 수정되어야 열매가 열리기 때문에 원하는 수확량을 얻으려면 자연에 맡기기보다 사람의 손으로 하는 것이 낫다고 하네요.

이렇게 수작업이 필요하고, 까다로운 환경에서만 자라기 때문에 천연 바닐라는 비싸고 구하기 어려워요. 우리가 접하는 바닐라 대부분은 바닐라 향을 내는 합성 물질입니다.

통카빈

통카빈은 중앙아메리카와 남아메리카에 사는 나무의 열매입니다. 약간 길쭉한 건포도같이 생겼는데요, 지금은 베네수엘라와 나이지리아에서 주로 수출하고 있습니다.

통카빈은 쿠마린이라는 물질을 생성해요. 쿠마린은 바닐라, 아몬드, 시나몬, 클로브(정향), 아마레토(아몬드 향이 나는 이탈리아 증류주)가 섞인 것 같은 향을 냅니다. 고농축된 쿠마린을 섭취하면 독으로 작용해 사람에게 위험할 수 있지만 어차피 향수에는 그렇게 많이 들어가지 않아요.

지금까지 설명한 향들을 섞으면 어떤 향이 날까요? 아주 따스하고, 바닐라 향이 강조되고, 달콤하면서 포근한 향이 납니다. 상대적으로 무거운 느낌을 주고 휘발성이 낮아서 주로 잔향을 표현할 때 많이 쓰여요. 실제로 먹어보면 바닐라와 비슷한데 조금 더 견과류를 연상시키는 향이 느껴져요.

앰버리 향수에서는 이런 여러 물질로 만들어진 앰버 향이 필수적으로 쓰입니다. 앰버리 향수의 풍성함, 따스함, 화려함을 표현하는 주요 요소거든요. 향을 고정시켜 주는 역할도 해서 앰버리 계열로 분류되지 않는 향수에서도 많이 쓰입니다.

5

스파이스

치과 냄새부터 고수, 마라탕, 양꼬치까지

'스파이시'하다는 게 무슨 뜻일까요? 대부분 '맵다'는 뜻이라고 답하실 거예요. 그러나 향에서 스파이시는 매운 것뿐 아니라 더 많은 감각을 포괄합니다.

스파이스라는 단어 자체가 영어로 향신료라는 뜻이기 때문에, 향신료 향이 많이 나면 전혀 맵지 않은데도 스파이시하다는 설명이 붙곤 합니다.

치과에서 소독할 때 뭔가 특이한, 쎄한 느낌의 냄새를 맡으신 적 있나요? 클로브, 혹은 정향이라고 불리는 향신료 향입니다. 전통적으로 소독약으로 쓰였기 때문에 치과에서 이 향이 나는 소독제를 사용하기도 해요. 이런 향도 스파이시하다고 표현됩니다.

스파이시한 향은 차갑고 상쾌한 콜드/프레시 스파이스와 따뜻한 웜/핫 스파이스로 분류돼요. 프레시 스파이스는 비교적 시원하고, 시트러스 느낌이 나고, 새콤하거나 살짝 쌉쌀한 풀냄새를 풍깁니다. 이 때문에 주로 향수의 첫 인상을 결정하는 탑 노트에 많이 쓰여요.

핫 스파이스는 따스하고, 달콤하고, 우디한 향을 냅니다. 강렬하고 오래 지속되기 때문에, 주로 탑 노트가 다 날아간 후 천천히 자신의 모습을 드러내는 미들 혹은 하트 노트(중간 향)에서 쓰이거나, 잔향에 들어가서 따뜻함과 달콤함을 가미합니다.

이런 향을 내는 대표적인 향신료들은 대부분 대형 마트

에 가면 향신료 코너에서 작은 유리병에 담아 팔고 있어요. 어떤 향신료는 그냥 맡을 때보다 볶거나 가루로 빻았을 때 향이 더 잘 나거나 풍부해지기도 하니 한번 시도해 보시는 것도 재밌을 거예요.

카다멈

프레시 스파이스의 원료를 먼저 살펴볼게요. 카다멈은 몇 가지 종의 풀을 재료로 만들어집니다. 꽃이 지고 나면 열매가 열리는데, 열매 안에 있는 씨앗에서 오일을 추출해요.

한국 전통 음료에도 카다멈이 들어가요. 단오날에 먹는 제호탕에 사인이라고 불리던 카다멈을 넣곤 했습니다.

카다멈에서는 유칼립투스나 로즈마리, 민트가 연상되는 싸한 향과 페퍼(후추)와 레몬 향이 살짝 나요.

레몬 향이 있어서 시트러스 계열 향수에 들어가면 레몬 향을 더욱 강조해 주는 역할을 합니다. 조 말론 런던의 '미모사 앤 카다멈'을 뿌리면 처음에 살짝 매콤한 향이 느껴지는데, 이게 바로 카다멈입니다.

주니퍼 베리

주니퍼 베리(향나무 열매)는 향신료로 분류하는 게 조금 어색하게 느껴지실 수 있어요. 그러나 서양, 특히 북부와 중부 유럽과 북부 이탈리아에서는 고기 요리에 향을 더하는 용도로 쓰였어요. 술이나 음료에 향을 더하기 위해 넣기도 했고요. 술의 한 종류인 진ⁱⁿ이라는 단어도 향나무라는 프랑스어 혹은 네덜란드어에서 유래했다고 하죠.

이런 역사 때문에 향수에서는 향신료로 분류되는데요. 솔잎과 비슷한 향을 내고, 우디하며, 후추 같은 향이 나요.

상쾌한 느낌을 주기 위해 사용되고, 우디한 향수에도 많이 쓰입니다. 특히 샤넬의 '파리-에든버러'에서 차갑고 시원한 향을 내기 위해 쓰였습니다.

코리앤더 씨앗

코리앤더(고수) 씨앗도 프레시 스파이스에 속합니다. 우리가 흔히 동남아시아 음식점이나 중국 음식점에서 맡을 수 있는 고수 잎 향과는 다른 향이 납니다.

최근에 저는 태국 음식을 만들기 위해 코리앤더 씨앗을 볶은 후 미니 절구에 빻은 적이 있어요. 코리앤더 씨앗에서는 레몬 같은 시트러스 향이 아주 강하게 나고, 약간의 꽃향, 장미향 같은 향과 풀 향이 났습니다. 이렇게 향이 증폭되는 게 굉장히 신기하고 흥미로운 경험이었어요.

메종 프란시스 커정의 '젠틀 플루이디티 실버'를 맡아 보면 처음에 다른 향과 함께 살짝 시트러스 과일이 연상되는 향이 조금 나는데, 이게 바로 코리앤더입니다.

진저

진저(생강)는 우리에겐 향수보다는 음식에 많이 쓰이는

재료로 생각됩니다. 알싸한 특유의 향 때문에 장어구이와 함께 먹기도 하고, 샤오룽바오 간장에 들어가기도 하고, 진저브레드 쿠키에 들어가기도 하죠. 물론 생강차도 있고요. 그만큼 흔히 접할 수 있는 향입니다.

특유의 알싸한 향도 있지만, 동시에 약간 새콤한 향, 꽃향과 비슷한 향, 비누 같은 향도 섞여 있기 때문에 상쾌하고 밝은 느낌을 줍니다. 장어구이와 생강을 먹을 때를 기억해 보면 기름진 맛과 대비되어 우리에게 기쁨을 주죠. 비슷하게, 무거운 향과 대비해 신선한 느낌을 냅니다. 조 말론의 '다크 앰버 앤 진저 릴리', 프레데릭 말의 '리 메디떼라네', 에르메스 '트윌리 데르메스' 등에 진저가 들어갑니다.

페퍼

핑크 페퍼는 2000년대부터 지금까지 향수에 굉장히 많이 쓰인 향입니다. 최근에 나오는 향수도 핑크 페퍼를 많이 써요. 2012년에는 미국의 글로벌 향 제품 회사인 센트시 Scentsy에서 핑크 페퍼를 "미래의 향조"라고 선언하기도 했죠. 바이레도의 '로즈 오브 노 맨즈 랜드', 샤넬 '파리-파리'나 '블루', 딥티크 '템포'나 '오 모헬리'에 핑크 페퍼가 들어갑니다.

핑크 페퍼에선 장미향과 블랙커런트 향이 후추 향과 함께 납니다. 이 때문에 꽃 향, 특히 장미향과 정말 잘 어울려서 장미향을 받쳐 주고 강조해 주는 역할을 해요. 꽃 향이 들어가는 향수에서 자주 씁니다.

쓰촨 페퍼(화자오)는 마라탕을 먹어본 사람이라면 누구나 어떤 맛을 내는지 알고 있을 거예요. 마라탕에서 얼얼한 맛을 내는 데 쓰이기 때문에, 우리는 이 재료의 향보다는 맛에 익숙해요.

향수에서는 향에 주목해서 쓰였습니다. 2010년대에 인기가 엄청나게 늘어서 지금까지도 많이 쓰이고 있어요. 디올 '사바쥬', 톰 포드 '오오드 우드'와 '로즈 프릭', 최근에 출시된 '영 로즈'에도 쓰였죠. 풀 향, 장미향, 라벤더에 비교되는 허브향이 같이 나기 때문에 역시 꽃 향이나 시트러스와 잘 맞습니다.

티무트 페퍼는 아주 최근에 주목받기 시작한 재료입니다. 프레데릭 말의 '로즈 앤 뀌흐'에서 처음 사용된 후 톰 포드의 '튜베로즈 뉘', 에르메스 '떼르 데르메스 오 지브레' 등에 쓰이기 시작했어요. 쓰촨 페퍼의 친척이기 때문에 비슷하게 얼얼한 맛을 가지고 있지만, 몇 가지 차이가 있어요.

쓰촨 페퍼가 조금 붉은 색이라면, 티무트 페퍼는 어두운 갈색, 검은색에 가까워요. 네팔에서 주로 쓰이는 티무트 페퍼는 시트러스 향이 강하게 난다고 해요. 그래서 상쾌하고 시원한 느낌을 줍니다.

시나몬

핫 스파이스는 따스하고 묵직하고 달콤한 향을 내요. 프레시 스파이스보다는 접해 봤을 만한 향이 많습니다. 디저트나 여러 요리에 더 자주 쓰이기도 하고요.

시나몬 혹은 계피라고 불리는 향은 츄러스, 계피 사탕은 물론, 수정과, 애플 파이, 한약, 뱅쇼 등에서 흔히 접하셨을 거예요. 지금까지 이야기한 모든 향신료는 주로 식물의 열매에서 채취한 것이지만, 시나몬은 특이하게 나무의 껍질에서 추출합니다. 그리고, 계피와 시나몬은 사실 다른 나무에서 나옵니다. 계피는 차이니즈 시나몬, 시나몬은 실론 시나몬이라는 나무에서 나와요. 향은 비슷하지만요. 향수에서는 계피보다는 시나몬을 더 많이 사용해요.

가루로 빻기 전 시나몬은 껍질이 말린 스틱 형태로 팔립니다. 향은 달콤하고, 따스하고, 나무 수지가 연상돼요. 한약, 바닐라 향과 알싸한 매콤함이 느껴지죠. 바이 킬리안 '엔젤스 셰어', 빅터 앤 롤프 '스파이스밤', 파코 라반 '원 밀리언', 캘빈 클라인 '옵세션' 등 여러 향수에서 쓰였습니다.

넛멕

넛멕은 한국에서는 육두구라는 단어로도 많이 알려져 있습니다. 넛멕 역시 뱅쇼, 에그노그(우유와 달걀이 들어간 음료), 애플파이에 흔히 들어가는 재료 중 하나인데요, 일종의 열매입니다.

씨앗의 껍질을 벗겨 내고, 갈아서 가루를 만든 후 여기에서 향을 추출해요. 넛멕은 시나몬과 비교했을 때 더 부드럽고 미묘한 향을 가지고 있습니다. 달콤한 향이 있긴 한데,

시나몬만큼 달지는 않아요. 시나몬과 비슷하지만 조금 더 알싸한 향입니다.

클로브

클로브는 한국에서 정향이라고 부릅니다. 이건 클로브가 생긴 모양 때문인데, 못 정T자를 써요. 이름대로 못과 비슷하게 생겼어요. 영어 이름도 못이라는 단어가 들어간 프랑스어에서 유래했다고 합니다.

클로브는 열매나 나무껍질이 아니라 꽃봉오리를 말린 거예요. 치과에 갔을 때 맡을 수 있는 향이기도 한데, 파스 향이 연상되는 서늘한 향, 따스하고 우디한 향, 매콤한 향이 다 섞여 있습니다.

자라 '에보니 우드', 세르주 루텐 '데 끌루 뿌르 왼느 뻬리르', 이솝 '마라케시 인텐스' 등 여러 곳에서 쓰입니다.

블랙 페퍼

블랙 페퍼(흑후추)는 우리에게 아주 친숙한 향신료입니다. 어떻게 표현하는지에 따라 시트러스와 풀의 상쾌함을 줄 수도 있고, 매콤함과 연기의 매캐함을 줄 수도 있고, 우디하게 표현할 수도 있어요.

요리에서는 거의 모든 서양 음식에 들어가지만, 향수에는 많이 안 쓰여요. 블랙 페퍼 향을 맡았을 때 스테이크나 다른 요리를 연상하기가 너무 쉬워서일 겁니다.

실제로 저도 블랙 페퍼가 들어간 향수를 뿌렸을 때 어디서 계속 배고파지는 향이 나는데? 라는 생각을 한 적이 있어요. 딥티크 '오 프레지아', 디올 '사바쥬', 에르메스 '떼르 데르메스' 등에 들어가 있습니다.

아니스

아니스는 우리에겐 조금 익숙하지 않은 이름이에요. 풀의 열매를 말린 것을 사용하는데, 서양에서는 술의 한 종류인 압생트에 향을 넣기 위해 쓰기도 했어요.

검은 색 감초 사탕을 드셔보셨나요? 거기에서 나는 약간 매콤하면서도 달콤하고 미묘한 향과 비슷해요.

팔각이라는 향신료를 중국 음식점에서 접해 보셨을 거예요. 영어로는 스타 아니스라고 하는데, 영어 이름에서 추측할 수 있듯이 아니스와 비슷한 향을 냅니다. 다만 스타 아니스 향이 조금 더 은은하고 덜 매콤해요. 아니스가 들어간 향으로는 겔랑 '뢰르 블루', 프라다 '레스 인퓨전 드 미모사', 바이 킬리안 '골드 나이트' 등이 있습니다.

쿠민

한국에서 쯔란이라고 하는 쿠민은 양꼬치 집에서 쉽게 볼 수 있는 향신료입니다. 쿠민은 강렬한 향을 내기 때문에, 어디에서 맡아도 '쿠민 들어갔네'하고 포착하기 쉽습니다.

쿠민은 조금 쓰면 땀에 젖은 피부의 느낌을 주지만, 많이 쓰면 정말로 땀에 젖은 겨드랑이 냄새 같은 향이 나기 시작해서 호불호가 많이 갈리는 향이에요. 관능적이고 섹시하다고 평가하는 사람이 있는가 하면 역겹다는 사람도 있으니까요. 로샤스 '팜므', 세르주 루텐 '플뢰르 도랑쥐', 바이레도 '토바코 만다린' 등에 들어갑니다.

6

그린, 아로마틱

그린

향수에도, 요리 재료로도 쓰이는 재료가 또 있어요. 바로 허브입니다. 다양한 허브가 향수에 사용되는데 이를 통틀어 '아로마틱'이라고 표현합니다.

아로마틱을 이해하려면 알아야 할 게 있어요. 허브 특성상 식물이기 때문에, 풀잎과 잔디, 짓이겨진 나뭇잎의 향을 냅니다. 이걸 향수에서는 '그린'하다고 표현해요. 말 그대로 초록빛의 풀이나 싱그러운 식물을 연상시켜서 붙인 이름입니다. 허브를 살펴보기 전에, 그린한 향부터 이야기하고 넘어갈게요.

향수에서 그린은 초록빛 생명체, 식물을 연상시키는 향을 묘사할 때 쓰여요. 나뭇잎을 돌으로 찧었을 때, 잔디를 깎았을 때, 풀잎에 맺힌 이슬이 연상되는 향이죠. 그린한 향은 다른 향, 특히 시트러스나 우디향 등에 상쾌함과 싱그러움을 더해주기 위해 쓰였습니다.

그러다 1947년 제르망 셀리에라는 여성 조향사가 발망의 '방 베르'라는 향수를 조향하면서 처음으로 그린이 주가되는 그린 향수가 태어났어요. 이 향수는 1991년에 한 번 재조합되고 1999년에 다시 한 번 재조합되었지만, 지금은 단종되었습니다.

1947년 처음 태어난 후, 그린 향은 1970년대에 다시 인기를 끌었어요. 당시 생활 스포츠 열풍이 불면서 가볍고 프레시한 느낌을 주는 그린 향도 사랑받게 됐습니다. 대자연과 실외를 연상시키는 향을 찾는 사람들이 늘었거든요.

그린한 향을 자연적으로 내는 재료는 그렇게 많지 않습니다. 합성향이 많이 쓰이는 분야기도 해요. 자연 재료 가운데 그린한 향을 낼 때 주로 쓰는 재료 세 가지를 보기로 하겠습니다.

갈바넘

갈바넘 혹은 갈바눔은 이란과 아프가니스탄에서 주로 자라는 풀입니다. 우리나라에서는 풍자 향이라 불렸고, 고대 그리스에서는 약재로 쓰였어요. 고대 이집트, 성경, 탈무드 등에서는 향을 태울 때 썼다고 기록하고 있죠.

풀 자체를 사용하는 것이 아니라, 풀의 수지를 채취한 후 여기서 향을 추출합니다. 나무처럼 줄기에 상처를 내지 않고 뿌리와 줄기 밑동에서 나오는 수지를 채취해요. 굉장히 강한 그린 향을 내는데, 마치 생감자나 완두콩, 민들레 줄기 같은, 약간 쌉쌀하면서도 초록빛이 연상되는 향이에요. 저는 유치원 때 친구들이 돌로 여러 가지 잎이나 풀을 찧은 후 가지고 놀 때 나던 향이 떠올랐어요.

프레데릭 말 '프렌치 러버'와 '신테틱 정글', 디올 '미스 디올 오리지널', 샤넬 'No.19' 등에 들어갑니다.

바이올렛 리프

바이올렛 리프, 즉 제비꽃 잎은 꽃잎이 아니라 나뭇잎이에요. 향수에 쓰이는 향제비꽃은 우리가 아는 제비꽃과 달라요. 우리나라 제비꽃은 잎이 좁고 길다란 모양인데, 향제비꽃은 하트 모양이에요.

향제비꽃의 잎에서 채취한 바이올렛 리프에서는 오이나 강낭콩 콩깍지 같은 향이 나고, 동시에 약간 흙 냄새가 나요. 러쉬 '커브사이드 바이올렛', 크리드 '그린 아이리쉬 트위드' 등에 들어갑니다.

블랙커런트 리프

마지막으로 블랙커런트 리프 또는 블랙커런트 버드가 있어요. 블랙커런트 리프는 잎을, 버드는 새순을 말합니다.

블랙커런트 열매에선 약간 새콤하면서 산딸기와 비슷한 맛이 납니다. 새순과 잎사귀의 냄새는 달라요. 딥티크의 '롬브르 단 로'를 맡아보신 분이라면 처음에 나뭇잎이나 줄기가 연상되는 파릇파릇한 향을 느끼셨을 거예요. 이게 바로 블랙커런트 버드의 향입니다. 민트 같은 향과 과일의 과육이 연상되는 향도 섞여 있죠.

이제 아로마틱이라고도 불리는 허브를 볼까요? 향수와 음식은 오랫동안 서로 영향을 줬어요. 어떤 식재료가 대중적으로 알려지기 시작하면 그 재료가 향수에 쓰이기도 했죠. 허브가 대표적이에요.

허브 중에서는 말려도 향이 잘 보존되는 것들이 있죠. 라벤더, 로즈마리, 타임, 세이지, 아르테미지아 등입니다.

라벤더

먼저 라벤더는 우리에겐 허브보다는 꽃이 더 친숙하지만 향수에서는 허브로 분류돼요. 라벤더는 어떻게 쓰이느냐에 따라 쑥 향과 비슷한 아로마틱한 향이 강하게 날 수도 있고, 가루약을 연상시키는 씁쓸한 향이 날 수도 있고, 약간의 꽃 향과 함께 카라멜 같은 향을 내기도 해요. 이 모든 것이 섞여 있기도 합니다. 엘리자베스 아덴 '그린티 라벤더', 겔랑 '몽 겔랑', 러쉬 '트와일라잇' 등 여러 향수에서 쓰이고 있어요.

로즈마리

로즈마리는 흔히 접할 수 있는 허브 중 하나입니다. 아로마틱한 허브향과 우디한 향이 나는데, 가끔 가죽 향이 연상되기도 하고, 연기 같은 매캐한 향이 나기도 합니다. 저는 스테이크가 연상되어서 그리 선호하지 않지만, 좋아하는 사람들은 아주 좋아하더라고요.

바이 킬리안 '코롱 쉴드 오브 프로텍션', 러쉬 '정크'와 '팬지' 등에 들어갑니다.

타임

타임은 프랑스 요리에 많이 들어가는데요, 특히 프렌치 어니언 수프에 들어가는 허브예요. 말린 타임은 로즈마리와 비슷하게 생겼는데 잎이 더 짧습니다. 허브 특유의 향이 강하게 나고, 솔잎이나 흙 냄새 비슷한 향도 느낄 수 있습니다. 디에스 앤 더가 '카우보이 그라스', 존 바바토스 '아티잔 퓨어' 등에 들어갑니다.

세이지

세이지는 우리에게는 다소 낯선 허브이지만, 생각보다 가까이에 있어요. 여름에 길을 걷다 보면, 조경용으로 심어 놓은 꽃을 보셨을 거예요.

체리세이지라고 부르는 식물인데, 비교적 흔히 볼 수 있습니다. 물론 향수에선 체리세이지가 아닌 일반 세이지나 클라리 세이지를 사용해요. 잎이나 줄기를 사용했을 때 아로마틱한 허브함과 함께 부드러운 달콤함을 표현합니다.

수지를 추출하면 앰버 향이 나기도 하는데요, 식물 자체에서 합성 앰버그리스에 주로 쓰이는 향을 추출할 수도 있어요.

조 말론 '우드 세이지 앤 시 솔트', 입생로랑 'Y', 바이레도 '데 로스 산토스'에 세이지가 들어갑니다.

아르테미지아

아르테미지아는 이름만 들으면 우리에겐 아주 생소한 식물 같습니다. 하지만 우리가 잘 아는 식물이에요. 바로 쑥입니다.

우리한테는 쑥떡, 봄에 먹는 쑥국 등으로 아주 친숙해요. 정확히 말하면 우리가 먹는 쑥은 향수에서 쓰는 아르테미지아하고는 속은 같지만 종은 다른 식물이지만요.

아르테미지아는 전통적으로 유럽에서 압생트라는 술의 특유의 맛을 내기 위해 쓰였어요. 향은 쑥과 크게 차이가 없습니다. 세르주 루텐 '로 다르므와즈', 이스뜨와 드 퍼퓸 '1875 카르멘 비제 압솔뤼' 등에 들어갑니다.

바질, 타라곤

스파이시한 향을 내는 허브들도 있습니다. 바질, 타라곤이 대표적이에요. 바질은 최근엔 직접 키우는 분도 많고, 마트나 인터넷에서 팔기도 합니다. 파스타, 피자 같은 이탈리안 음식에 토마토와 함께 많이 쓰죠.

말린 바질은 향이 강하지 않지만, 생바질은 잎을 뜯어보면 약간 매콤한 향이 나는 걸 느낄 수 있습니다. 아니스 향과 비슷한데, 좀 더 풀의 느낌이 강해요. 프레데릭 말의 '신테틱 정글'에 들어갑니다.

타라곤은 우리에겐 생소하게 들리는 식물이지만, 아르테미지아처럼 쑥속의 식물입니다.

하지만 쑥과 조금 다른 향기가 나요. 바질과 비슷하게 매콤하고 아니스가 연상되는 향이 나곤 해요. 동시에 저에게는 뭔가 싸한, 파스향이 연상되지만 파스향은 아닌 느낌이 있었습니다. 타라곤은 오프라인 매장에선 찾기 어려울 수 있지만 인터넷에서 쉽게 구매할 수 있어요. 러쉬 '더티', 조 말론 런던 '프렌치 라임 블로섬' 등에 쓰였습니다.

민트

민트 향도 가끔 향수에 쓰여요. 페퍼민트(박하) 혹은 스피어민트를 주로 쓰는데, 이 둘은 사실 음료나 음식에서 쓰이는 빈도를 생각해 보면 향수에서는 그렇게 많이 쓰는 향은 아닙니다.

이유는 민트초코를 싫어하는 사람들과 비슷한데요, 민트 향이 치약이나 가글액에 너무 많이 쓰였기 때문에 치약을 연상시켜요. 잘못 쓰면 치약을 몸에 뿌린 것 같은 인상을 줄 수 있겠죠. 프레데릭 말의 '제라늄 뿌르 무슈', 겔랑 '헤르바 프레스카' 등에 들어갑니다.

7

푸제르

라벤더-오크모스-쿠마린

아로마틱한 허브가 주요 요소로 쓰이는 향수의 계열이 있습니다. 바로 푸제르 계열입니다. 계열이라니 조금 생소하시죠? 푸제르는 지금까지 본 여러 향수와 다른 특징을 가지고 있습니다.

글의 서론-본론-결론처럼 탑-미들-베이스 노트, 즉 처음에 나는 향-시간이 조금 지났을 때 나기 시작하는 향-잔향을 구성하는 향이 정해져 있고, 여기에 무언가를 좀 더 추가하거나 강조하거나 해서 만들어지는 향수예요. 만드는 방법이 정해져 있고, 거기에서 약간의 변주를 하는 거죠.

전통적으로는 라벤더-오크모스(참나무 이끼인데 흙과 그린한 향과 나무향, 그리고 따스한 앰버 향이 나요)-쿠마린(통카빈에서 추출한 향료인데, 지푸라기와 바닐라 같은 향이 나요)으로 만들어져요.

현재는 오크모스가 여러 이유로 규제되고 있기 때문에, 베티버나 패츌리로 표현하기도 합니다. 제라늄이나 갈바넘 같이 좀 더 그린한 향을 넣기도 해요.

푸제르 계열은 1882년에 만들어졌어요. 우비강이라는 브랜드에서 푸제르 로열이라는 향수를 냈는데, 이때 쓰인 향료의 조합이 너무 인기를 많이 끌어서 그 후에도 많이 쓰이게 된 거죠. 이 구조 자체를 하나의 계열로 인정하게 되었어요.

푸제르는 프랑스어로 '고사리'라는 뜻이에요. 원래 고사리는 향이 없는데, 푸제르 로열을 조향한 폴 파케는 "신이 고사리에게 향을 주었다면 푸제르 로열 같은 향을 낼 것"이라고 말했다고 하죠. 고사리가 재료로 들어갔거나 고사리 향에서 영감을 받은 것이 아니라, 고사리를 표현한 향이라고 보시면 될 것 같습니다.

빈티지 푸제르 로열은 50년대에 단종되었다가 2010년에 다시 나왔는데, 지금은 다른 모양의 향수병에, 재료 규제 등 여러 이유로 조금 다른 향이 담겨 있어요.

빈티지 푸제르 로열이 단종되었다고 해서 이 구조를 가진 향수가 아예 없는 것은 아닙니다. 푸제르 계열은 오랫동안 남성용 향수에서 다양하게 변주돼 왔어요. 샤넬 '보이', 톰 포드 '보 드 주르', 펜할리곤스 '사토리얼'이 대표적입니다.

시간이 지나면서 푸제르 로열이 원래 나왔을 때의 부드러움과 따스함보다는 좀 더 우디하고 그린한, 아로마틱한 향이 부각되는 방식으로 변하기도 했죠. 서양에서는 남성들이 주로 다니던 바버샵, 즉 이발소에서 이 향이 나는 제품들을 많이 썼기 때문에 바버샵 향수라고 부르기도 해요.

우리가 흔히 '남성용 스킨 냄새'라고 부르는 향이 연상되기도 합니다. 하지만 푸제르 계열에서는 훨씬 더 다양하고 다채로운 방식으로 변주한 향이 많이 나오고 있어요. 성별과 상관없이 누구라도 쓸 수 있으니 한 번 시도해 보시는 것도 좋을 거예요.

8

시프레

이끼와 키프로스 섬

향수에 대해 자세히 알아갈수록 생소한 단어를 만나게 돼요. 시트러스, 플로럴, 레더 등 영어로 된 용어는 비교적 쉽게 뜻을 알 수 있지만, 푸제르, 시프레, 구어망드 같은 말은 프랑스어라 낯설죠.

이번에는 시프레에 대해 이야기해 보도록 하겠습니다. 향수를 좀 더 깊이 알고 싶으시다면 도움이 될 거예요.

시프레는 1990년대~2000년대까지 꾸준하게 여러 방식으로 유행했고, 지금까지 많은 영향을 미치고 있습니다. 최근에는 향료 규제 때문에 이전 방식의 시프레는 많이 사라졌고, 새로운 방식으로 재해석되고 있어요.

시프레는 프랑스어로 키프로스 섬을 가리키는 단어입니다. 왜 시프레라는 단어가 향수를 지칭할 때 쓰이기 시작했는지에 대해서는 두 가지 가설이 있어요.

첫 번째는 키프로스 섬에서 자라던 특정 종류의 나무에서 향이 났고, 그게 향 계열의 이름이 되었다는 설입니다. 두 번째 가설은 시프로스 섬에서 구매할 수 있었던 새 모양으로 뭉친 향료에서 유래했다는 설입니다. 제가 더 유력하다고 생각하는 설이기도 해요.

키프로스 섬은 고대 이집트, 그리스 때부터 향수로 유명했는데, 십자군 전쟁 때 기독교인 기사들이 이 섬을 지나면서 향료를 뭉친 것을 사오곤 했어요. 보통 새 모양이었기 때문에 이걸 '시프레 새'라고 불렀습니다.

이때의 시프레 향은 지금 우리가 쓰는 시프레 향수와 아주 달랐습니다. 1800년대와 1900년대 초반에 시프레, 혹은 비슷한 이름을 가진 향수가 여러 개 나왔어요.

겔랑은 1840년에 '오 드 시프레', 1854년에 '시프리시메', 그리고 1909년에 '시프레 드 파리'라는 향수를 만들었고, 림멜이 1880년에, 로저 앤 갈레가 1893년에, 루빈은 1898년에, 고데는 1908년에 '시프레'라는 이름의 향수를 만들었습니다.

베르가못-라다넘-오크모스

우리가 지금 알고 있는 시프레 향수의 전형적인 도식은 프랑수아 코티라는 조향사가 1917년에 만든 '시프레'라는 향수를 통해 정립됐어요.

1925년 '더 타임즈 헤럴드'라는 신문에 실린 광고에서 묘사한 코티의 시프레를 보면, 키프로스 섬의 자연 풍경이 그렇게 큰 영향을 준 것 같진 않습니다.

"향기로운 동방의 정수/ 신전 정원의 나이팅게일/ 활짝 핀 아라비안 자스민에서 풍겨오는 나른한 향이 나는 바람- 보석으로 치장한 사당의 옥으로 된 신들/ 신비로운 베일과 금발찌가 찰랑거리는 소리/ 어두운 머리카락과 어두운 눈을 가진, 역동적이고 격정적인 감정을 가진 동방의 여성에게서 풍겨오는 향기"

자연에 대한 이미지보다는, 20세기 초반 서양인들이 중동에 대해 가졌던 환상이 투영돼 있는 걸로 보입니다. 당시 키프로스 섬은 중동의 서쪽 끝자락이라고 여겨졌거든요.

시프레 역시 푸제르와 비슷하게 서론-본론-결론의 구조가 정해져 있어요. 코티 시프레가 유명해진 이후 시프레 계열인 모든 향수들은 기본적으로 이 구조를 따릅니다.

향의 기본 구조는 베르가못-라다넘-오크모스입니다. 오크모스는 참나무에서 자라는 이끼, 정확히 말하면 지의류예요. 지의류는 이끼처럼 하나의 식물이 아니라 균과 식물이 공생하면서 만들어 내는 구조에 더 가깝습니다.

오크모스에서는 우디하고 흙 향과 그린 향이 나면서도 뭔가 따스한 느낌의 앰버 향도 살짝 느껴져요. 비에 젖은 숲에서 나는 냄새, 쌉쌀한 냄새와 따스한 앰버 향의 혼합에 가깝습니다. 오크모스는 향을 내는 것뿐 아니라, 향수에 벨벳 같은 부드러운 깊이감을 선사해 주고, 향이 잘 날아가지 않게 고정해 주는 역할을 해요.

시프레 향수의 특징은 상쾌하고 밝은 탑 노트 베르가못과 따스한 베이스 노트 오크모스의 대비에서 나와요. 마치 빛과 어둠 같은 대비에서 아름다움을 느낄 수 있어요.

여기에 과일향을 넣으면 프루티 시프레가 되고, 꽃향을 강조하면 플로럴 시프레, 가죽향을 넣으면 레더 시프레, 오크모스의 어두운 느낌을 조금 덜어내고 대신 베르가못의 상쾌함을 배가할 그린한 향을 넣으면 그린 시프레, 베르가못과 함께 향을 밝게 해주는 알데하이드(샤넬 No.5의 첫향이에요. 상쾌하고 쌩하고 시원한 느낌을 내고, 동시에 따뜻한 양초 향이 나기도 해요.)를 넣으면 알데하이딕 시프레, 따스한 앰버 향을 강조하면 앰버 시프레, 이런 식으로 거의 무한 변주를 할 수 있죠.

대표적인 시프레 향으로는 디올 '미스 디올 오리지널', 겔랑 '미츠코', 로베르트 피게 '방디', 샤넬 '크리스탈' 등이 있습니다.

시프레와 오크모스

현재 시프레 계열 향수는 많은 어려움을 겪고 있어요. 원인은 오크모스인데요, 시프레 계열 향수에서는 베르가못과 오크모스 사이의 대비가 굉장히 중요한 요소예요. 이것이 시프레를 시프레답게 만들어 주거든요.

그런데 오크모스는 알레르기 유발 성분이기 때문에, 2000년대에 들어서 규제되기 시작했습니다. 시프레의 정체성이 흔들리기 시작한 거죠.

예전에 조향된 향이라 천연 오크모스가 들어간 향수를 제조하던 회사들은 오크모스를 대체하기 위해 여러 방식으로 향수를 재조합하기 시작했습니다. 성공하기도 하지만, 실패한 사례도 많아요.

힐리의 '시프레 21'은 오크모스에서 추출한 향을 쓰지 않고 해조류에서 추출한 쌉쌀한 향과 패츌리를 섞었다고 해요. 겔랑 '미츠코'의 2010년 재조합 버전은 대다수의 소비자가 혹평했어요. 2013년에 다시 조합돼 나오자 '미츠코'가 돌아왔다며 좋아했고요. MDCI의 '시프레 팔라틴'은 재조합 관련 논란이 있긴 하지만, 오크모스에서 알레르기를 유발하는 성분을 빼서 넣었다고 해요.

이런 방식으로 어떻게든 시프레의 기반이 되는 오크모스를 넣거나 최대한 비슷하게 따라 하려고 노력합니다.

규제의 영향을 받았다곤 했지만, 사실 전통적인 시프레 향수는 요즘 소비자들의 대중적인 취향에 들어맞진 않아요. '성숙한 숙녀들의 향'이라고 설명하기도 하는데, 적어도 한국에서 시프레는 대중들이 흔히 생각하는 '성숙한 숙녀'의 느낌과는 거리가 있습니다.

백화점 디올 매장에 가서 미스 디올 오리지널을 시향하고 싶다고 하면 직원은 아마 없다고 말하거나, 있더라도 조금 찾아보다가 향수를 꺼낼 거예요. 맡아 보시면 전혀 현대 한국의 대중적인 취향에 맞지 않는다는 걸 이해하실 겁니다.

미스 디올 오리지널은 시프레 향수 계열 중 최고봉으로 불리는 클래식한 향수인데도, 대중이 원하는 은은함이나 부드러움과는 느낌이 전혀 다릅니다. 저는 이 향수가 '할아버지 장롱 냄새'라고 불리는 것도 봤어요.

클래식한 미스 디올 오리지널이 '불호'라고 해서 교양이 없다거나 취향이 별로인 건 전혀 아니에요. 우리는 문화적으로 이런 향수가 한참 유행했을 때 이 향을 접할 기회가 없었습니다. 식민 지배를 받거나, 전쟁이 터졌고, 독재 정권 치하

였죠. 현대 한국의 사람들은 다른 취향을 가꿨고요. 그러니 시프레 향수가 낯설고 특이하게 느껴질 수밖에 없어요.

그럼에도 불구하고 시프레는 워낙 전통이 있는 향수 계열이고 광범위하게 쓰였기 때문에, 규제가 없는 지역에서 만들어서 판매한다거나, 다른 재료를 써서 시프레 느낌을 내려는 등의 시도가 계속되고 있습니다.

베르가못 대신 다른 시트러스 과일을 쓰기도 하고, 패츌리와 베티버, 머스크의 혼합으로 오크모스가 주던 풍성하고 어두운 느낌을 재현하려고 시도하기도 합니다. 물론 오크모스 특유의 느낌을 사랑하는 사람들은 전혀 마음에 차지 않겠지만요.

요즘에도 나오는 시프레 향의 대표적인 예로 샤넬 '31 뤼 깡봉'이 있습니다. 처음엔 베르가못 향이 나고, 패츌리와 라다넘을 사용해서 오크모스에서 나던 어두움을 재현하려고 시도했죠.

개인적으로 저는 오크모스 특유의 향을 아주 좋아하기 때문에 '진짜' 시프레하고는 차이가 있다고 생각했지만, 그래도 느낌을 살리려는 시도가 느껴졌어요. 아마도 이런 게 시프레의 미래가 아닐까 싶습니다.

프루티

달콤상큼 미래의 향

프루티하다는 건 말 그대로 과일 향이 난다는 뜻입니다. 과일 향은 오래전부터 향수에 쓰였죠. 예전에 프루티 향은 주가 되기보다는 보조적인 역할로만 주로 쓰였어요.

지금은 프루티한 향이 메인인 향수도 많아졌습니다. 최근엔 남성용으로 나온 향수에도 많이 들어가요. 남성용 향수로 유명한 크리드 '어벤투스'에도 프루티 향이 들어갑니다.

베리

과일 중에서도 베리류, 라즈베리, 블루베리, 딸기, 블랙베리, 블랙커런트는 달콤한 향이 많이 나기 때문에 주로 탑 노트에 많이 쓰여요. 무거운 향에 달콤한 향을 더해서 밝은 느낌을 주기도 합니다.

프레데릭 말의 '포트레이트 오브 어 레이디'에는 라즈베리향이 들어가요. 장미향에 조금 더 밝고 달콤한 향을 추가해서 패츌리와 인센스에 장미향이 가려지지 않고 오히려 돋보이게 해줍니다.

리치

리치는 중국 요리집이나 뷔페 등에 가면 볼 수 있는 과일이죠. 향수에도 리치 향이 쓰입니다. 베리류는 아니지만, 리치 향도 장미 등 다른 향을 보조하면서 꽃향을 강조하는 효과를 내요.

딥티크 '오 로즈'는 리치향이 들어가서 초반에 느껴지는 달콤하고 향긋한 꽃향기를 만들어 내요.

사과, 복숭아, 자두, 살구, 서양배

사과, 복숭아, 자두, 살구, 서양배는 조금 더 역사가 긴 편입니다. 1919년에 나온 겔랑의 '미츠코'에도 복숭아향이 들어갑니다. 로샤스 '팜므'는 복숭아와 살구, 자두 향이 특징이에요.

특히 살구향은 오스만투스(중국이 원산인 꽃 금목서) 향과 잘 어울립니다. 스웨이드 향과도 함께 자주 쓰여서 가죽의 텁텁하고 건조할 수 있는 향을 조금 더 달콤하게 만들고, 스웨이드 특유의 질감을 더 강조합니다.

예전에는 이렇게 과일 노트가 향수의 다른 요소를 보조하는 역할을 했다면, 지금은 향수의 주 테마 역할도 많이 합니다. 톰 포드의 '비터 피치', 바이 킬리안의 '애플 브랜디'가 대표적이에요. 체리도 각광받고 있어요. 톰 포드의 '로스트 체리'가 좋은 예죠.

멜론, 수박

멜론이나 수박 같은 과일은 물 향을 낼 때 많이 쓰입니다. 둘 다 오이의 친척이라는 것을 떠올리면 이해가 되실 거예요. 물 향 같으면서도 좀 달콤하고 향긋한 향을 표현할 때 사용하는데, 상쾌하고 밝은 느낌을 줘요.

다비도프 '쿨 워터'나, 이세이 미야케 '로 디세이'에 멜론이 쓰였어요. 수박향은 잘못 쓰면 수박바 아이스크림 같은 인위적인 향이 연상되기 때문에 멜론만큼 흔히 쓰이지는 않아요.

열대 과일

파인애플, 구아바, 망고, 파파야, 바나나 등은 비교적 역사가 짧아요. 1938년에 나온 장 파투의 '콜로니'에 파인애플 향이 들어가긴 했지만, 현대에 와서 더 많이 쓰이기 시작했습니다.

열대 과일 특유의 달콤하고 이국적인 향이 매력으로 작용해서 달콤하면서도 시원한 느낌을 주죠. 아예 굉장히 달달한 느낌으로 가기도 해요.

CK '원'은 파인애플과 파파야로 깔끔하고 깨끗한 느낌을 줬습니다. 에르메스 '운 자르뎅 수르 닐'은 그린 망고가 들어갔지만 너무 달콤하지 않고 시원한 느낌이에요.

코코넛, 무화과

코코넛과 무화과는 최근에 유행하는 향이에요. 코코넛이나 무화과 둘 다 특유의 향이 비슷한데, 달콤하면서도 어떻게 보면 느끼하고, 어떻게 보면 다소 묵직한 향을 가지고 있죠.

이 때문에 코코넛은 자스민 같은 꽃 향과 많이 쓰여서

열대 느낌을 더해 줍니다. 무화과는 그린한 향이나 우디한 향과 함께 쓰여 너무 달지 않게 표현하기도 해요. 대표적으로 한국에 무화과향 붐을 가져온 향수는 딥티크의 '필로시코스'예요. 무화과뿐만 아니라 무화과 나무의 잎, 껍질까지 다 넣은 향이라고도 많이 표현합니다.

최근 20년간 여성용으로 나오는 향수 중에는 꽃 향과 과일 향이 함께 있는 소위 프루티 플로럴 향이 굉장히 많았어요. 달콤하고 발랄하고 상큼한 느낌이 2000년대와 2010년대에 주류로 부상했던 여성상과 잘 맞아떨어졌던 것으로 보입니다.

과거엔 향수가 30대 이상의 성숙한 여성을 대상으로 팔렸지만, 이 시기에 기업들은 10대, 20대 초반의 여성들을 대상으로도 마케팅을 시작했어요. 그러면서 밝은 느낌의 향이 유행하기 시작했습니다.

이렇듯 향 계열은 그 자체로도 여러 가지 향수가 나오지만, 다른 계열의 향과 섞여서 끊임없이 새로운 조합과 느낌을 만들어 냅니다.

⑨ 프루티

구어망드

디저트의 달콤함을 향으로

구어망드는 처음 봤을 때 무슨 뜻인지 이해하기 어려울 수 있는데요. 미쉐린 가이드의 합리적인 가격의 맛집 리스트 '빕 구르망'에 들어가 있는 구르망과 같은 단어입니다. 원래는 미식가를 뜻하는 단어인데, 향수에서는 음식에서 유래한 향을 지칭해요.

주로 디저트에서 유래한 향을 가리킵니다. 물론 디저트 외의 음식 향을 표현한 향수도 있어요. 티에리 뮈글러의 '워머니티'가 대표적인데, 캐비어 향이 들어갔다고 하죠.

솜사탕, 초콜릿

처음으로 구어망드 향의 붐을 일으킨 향수는 티에리 뮈글러의 '엔젤'입니다. 패츌리와 솜사탕, 그리고 초콜릿 향이 들어갔어요.

달콤한 솜사탕 향과 쌉쌀하고 어둡고 우디한 패츌리의 대비를 표현했는데, 이 향수가 나온 후에 다양한 향수에서 달콤한 디저트 향을 많이 쓰기 시작했습니다.

주로 설탕, 솜사탕, 카라멜 같은 향이 많이 쓰이는데요. 이런 향은 굉장히 달콤하고 강하기 때문에 아예 달콤한 향수로 가거나, 엔젤처럼 우디한 향을 넣어요. 여름에 잘못 뿌리면 벌이나 벌레가 꼬이기도 하니 유의하세요!

요즘은 아예 마카롱 같은, 완성된 디저트를 연상시키는 향도 많이 나오고 있습니다. 꿀 향도 쓰일 때가 있어요. 꿀 향은 잘못 쓰면 달콤함에 애니멀릭함이 섞이기 때문에 다루기가 쉽지는 않아요.

초콜릿은 향수에서도 먹는 초콜릿처럼 다크 초콜릿, 밀크 초콜릿, 화이트 초콜릿이 다 다르게 쓰여요. 다크 초콜릿향은 조금 더 쌉쌀한 느낌을 강조하는 반면, 밀크 초콜릿이나 화이트 초콜릿은 달달한 향을 강조합니다. 향의 조화를 위해 매캐한 패츌리 향과 같이 쓸 때가 많아요.

우유, 크림, 요거트

우유, 크림, 요거트 향도 구어망드에 포함됩니다. 유제품 향을 잘못 쓰면 우유 비린내나 '말랑카우' 캬라멜 같은 향이 날 수 있어요. 하지만 잘 쓰면 부드러움과 풍부함, 풍성함을 더해주면서 약간의 달콤함까지 가미할 수 있죠. 주올로지스트 '카우'에 우유 향이 들어가는데, 부드럽고 풍부한 느낌이 다른 향과 섞여서 안정감을 줍니다. 요거트 향은 재현하기가 비교적 까다롭고 잘못 쓰면 시큼함이 느껴지기 때문에 그렇게 많이 쓰진 않아요.

견과류

견과류는 구어망드하게도, 우디하게도 쓰입니다. 디올 '이브노틱 쁘아종'엔 아몬드 향이 들어가는데요. 향수 자체가 가진 강렬하게 달콤한 향을 조금 더 부드럽게 만들어주는 역할을 해요.

메종 마르지엘라의 '바이 더 파이어플레이스'에는 체스트넛, 밤 향이 들어가요. 저는 이 향에서 겨울 느낌이 느껴졌어요.

술

구어망드계에서 각광받고 있는 또 다른 향은 커피와 술입니다. 커피 향은 향 자체로 표현하기도 하고, 다크 초콜릿처럼 쌉쌀한 느낌을 더하기 위한 용도로도 써요.

술 종류는 브랜디, 럼, 와인 등등 여러 가지가 있죠. 과거에는 술을 넣기보다는 술에서 영감을 받은 향수들이 나왔어요. 1923년에 나온 까롱의 '로열 베인 드 샴페인', 1993년에 나온 입생로랑의 '샴페인'이 대표적인데요. 두 향수 모두 샹파뉴 지방의 와인 농가와 샴페인이라는 단어를 쓸 수 있는지 소송을 벌인 끝에 지금은 까롱은 '로열 베인', 입생로랑은 '이브레스'라고 이름을 바꿔 판매하고 있습니다.

지금은 술의 향을 직접 표현한 향수가 많이 나오고 있어요. 바이 킬리안은 술의 향을 넣은 제품들로 '더 리쿼 컬렉션'을 만들었는데요. '엔젤스 셰어'에는 꼬냑 향, '애플 브랜디 온 더 락스'에는 럼과 브랜디 향, '뢰르 베르테'에는 압생트 향을 넣었어요. 지금도 여러 다른 술 느낌의 향들이 이 라인에서 나오고 있습니다.

녹차나 홍차도 향수에 쓰이는 음식 향이긴 하지만, 구어망드라고 하기는 조금 어렵습니다. 녹차는 특유의 쌉쌀함보다는 그린함을 더 강조해서 사용하기 때문에 그린 향에 들어가는 것이 더 맞을 것 같아요. 우롱차나 홍차, 마테차 향도 쓰이는데, 차 자체의 향보다는 쌉쌀함을 표현해요.

녹차나 홍차, 커피, 술처럼 우리가 일상적으로 접하는 음료도 향수에 쓰이고 있는 걸 보면 앞으로 향수에 쓰이는 음식 향은 더 다양해질 것 같습니다.

11

플로럴

플로럴 향은 분류 방식이 아주 많아요. 여기에서는 조향사 실벤느 드라꾸뜨Sylvaine Delacourte가 사용하는 분류 방식을 써서, 로지 플로럴(장미향이 나는 꽃), 그린 플로럴(스프링 플로럴이라고도 불립니다), 화이트 플로럴, 스파이시 플로럴, 파우더리 플로럴로 설명할게요.

로지 플로럴

장미향이나 장미와 비슷한 향을 내는 향 계열을 로지 플로럴이라고 합니다.

향수에 쓰이는 장미에는 크게 다마스커스 장미(불가리아 장미)와 센티폴리아 장미(프로방스 장미)가 있어요. 중동지방에서 자라는 타이프 장미도 사용하죠. 장미는 종류에 따라 향이 조금씩 다르지만, 향수에 쓰이는 장미는 보통 전형적인 장미 향입니다.

담장에 핀 넝쿨 장미에서 향을 맡아 본 적이 있으실 거예요. 반면 꽃집에서 장미를 사면 아무 향도 나지 않거나 그냥 줄기나 잎 향만 날 때가 많아요. 장미는 향이 강할수록 꽃이 오래가지 않고, 꽃이 오래가면 향이 없거나 약해요. 보존성과 향이 반비례하는 거죠.

장미는 아침에 가장 향이 강하기 때문에 주로 새벽이나 아침 일찍 따서 향을 채취합니다. 향은 여러 방식으로 추출할 수 있는데요, 용매를 사용해서 향을 입힐 수도, 물에 끓여서 오일을 분리해 낼 수도 있습니다.

장미

장미는 동서고금을 막론하고 다양한 상징성을 갖고 있었고, 꾸준히 사용된 재료예요. 기독교 문화권에서는 예수 그리스도의 수난, 성모 마리아의 상징이었죠. 이슬람 문화권에서는 무함마드가 장미향이 나는 땀을 흘렸다고 했고요.

우리는 장미향을 여성적인 향기라고 생각하지만, 중동권에서는 장미향을 남성적인 향기라고 생각해요. 무함마드 일화 등의 영향이 있었죠.

장미 향은 너무 많이, 오랫동안 쓰였기 때문에 흔하다고 생각하기 쉬워요. 하지만 표현 방식에 따라 다양하게 풀어낼 수 있죠.

딥티크 '오 로즈'나 조 말론의 '레드 로즈'는 굉장히 밝고 맑고 은은하고 가벼운 장미지만, 프레데릭 말의 '로즈 토네르'는 더 어둡고 강렬해요. 단종된 톰 포드의 '느와 드 느와'나 프레데릭 말의 '포트레이트 오브 어 레이디'는 그것보다 더 어두운 장미죠.

장미향은 너무 고루하다는 평 때문에 1990~2000년대에는 인기가 없었어요. 지금은 단종된 스텔라 맥카트니의 '스텔라'가 현대적으로 장미향을 재해석하면서 다시 유행하기 시작했고, 최근에는 장미와 오우드향을 조합한 향수가 유행했습니다.

장미향을 표현하는 방법도 다양해졌습니다. 쇠 냄새 같
은 메탈릭한 향을 내는 물질을 더 강조하기도 하고, 그린한
느낌을 강조하기도 해요.

제라늄

제라늄도 로지 플로럴에 속합니다. 제라늄은 종류가 워
낙 많고, 꽃이 화려한 편이에요. 구하기는 굉장히 쉬워요.
꽃시장에 가면 모기를 쫓아내는 향이라며 구문초를 파는데,
이게 바로 로즈 제라늄입니다.

로즈 제라늄은 작은 분홍색 꽃을 피워요. 하지만 향수에
쓰이는 건 잎과 줄기입니다. 장미향과 비슷하지만 레몬 향
과 그린 향이 더 많이 나고, 다소 민트 같은 향도 느껴집니
다. 로즈 제라늄을 사용한 대표적인 향수로는 프레데릭 말
의 '로즈 앤 뀌흐'가 있습니다.

이 향수를 광고할 때 장미가 들어가지 않은 장미향이라
고 말하기도 해요. 이 향수에서 장미향은 다 제라늄이 내는
거거든요. 그린하고 레몬 같은 시트러스함과 은은한 장미
향, 이게 바로 제라늄 향이에요.

제라늄 향은 성별 관계없이 다양하게 활용되는 편입니
다. 남성용으로 나온 프레데릭 말의 '제라늄 뿌르 무슈', 입
생로랑 'Y'에도 들어가고, 여성용으로 나온 에어린의 '와일
드 제라늄'에도 쓰여요.

피오니

피오니, 작약 향도 장미향과 비슷해요. 제가 맡아 봤을 때는 작약에서 나던 향이 장미보다 조금 덜 강렬하고 은은했는데, 실제 향수에서는 장미향과 피오니 향 사이에 커다란 차이가 있는 것 같지는 않습니다.

작약은 향을 직접 추출하기 어렵습니다. 그래서 장미와 비슷한 이 향을 인위적으로 만들어 내야 해요. 이런 문제 때문에 피오니 향은 사실 장미, 라즈베리 등 여러 가지 재료의 향을 섞어서 비슷하게 만들어 낸 경우가 많아요. 작약에 포함된 물질을 연구해서 그 물질을 채취해 내거나 합성향으로 만들기도 하죠.

피오니 향은 조 말론의 '피오니 앤 블러쉬 스웨이드'가 유행한 후 전 세계적으로 최근 10년간 많이 나오고 있어요. 톰 포드의 '로즈 드 신'에도 피오니가 들어갔다고 하는데, 합성이 아닐까 싶습니다.

그린 플로럴

봄, 좋은 계절입니다. 만물이 소생하고, 꽃이 피고, 햇살이 따뜻해지죠. 살랑살랑 불어오는 봄바람이 느껴질 즈음에는 봄 느낌이 나는 향수를 추천해 달라는 요청이 부쩍 늘어납니다. 다행히 향수에는 봄의 느낌을 물씬 낼 수 있는, 봄에 피는 꽃들이 들어간 향이 정말 많아요.

봄 하면 어떤 꽃이 주로 떠오르시나요? 저는 여기서 그린 플로럴, 스프링 플로럴이라고도 불리는 꽃들을 다뤄 보겠습니다.

향이 적거나 없는 개나리나 진달래를 제외했고, 아쉽게도 벚꽃(체리블로섬)과 라일락은 빠집니다. 벚꽃은 향이 거의 없어서 벚꽃 향이라고 하면 벚꽃 느낌을 낸 향이에요. 보통 체리 향과 비슷하죠. 라일락은 화이트 플로럴과 더 공통점이 많아요.

은방울꽃

가장 대표적인 봄꽃으로 은방울꽃이 있습니다. 향수에서는 뮤게라고 불리기도 해요. 은방울꽃은 작은 종을 닮은 흰 꽃이 녹색 잎과 어우러져 아주 아름다운 대비를 이룹니다.

프랑스에는 5월 1일이 되면 행운의 상징인 이 은방울꽃을 건네는 풍습이 있어요. 그래서 겔랑에서는 매년 5월 1일에 새로운 뮤게 향을 냅니다.

은방울꽃은 직접 향을 추출하지 않습니다. 독이 있어서 먹으면 죽을 수도 있어요. 실제로 은방울꽃이 담겨 있던 물병의 물을 마신 아이나 반려동물이 중독되는 사고가 심심치 않게 생깁니다.

무엇보다 현존하는 기술로는 은방울꽃에서 직접 향을 추출하는 것이 거의 불가능해요. 그래서 다른 여러 꽃의 향을 섞거나 합성향료를 써서 은방울꽃과 비슷한 향을 만들어요. 자주 쓰이던 향료가 오래 노출되면 암을 유발할 수 있다는 것이 밝혀져 현재는 또 다른 합성향료를 쓰고 있어요.

최근에는 글로벌 향료 회사인 피르메니히에서 은방울꽃 향을 추출하는 기술을 개발해 향수를 만들었어요. 앞으로 얼마나 대중적으로 쓰일지, 혹은 상업성이 있을지는 미지의 영역입니다. 이 기술이 상용화되기 전까지 대부분의 은방울꽃 향은 합성향료라고 생각하시면 될 거예요.

대표적인 은방울꽃 향으로는 디올 '디오리시모'가 있습니다. 크리스찬 디올은 은방울꽃을 자신에게 행운을 가져오는 상징이라고 생각했어요. 그래서 20세기 가장 뛰어난 조향사로 꼽히는 에드몽 루드니츠카에게 은방울꽃 향수를 만들어 달라고 부탁했습니다.

루드니츠카는 이를 듣고 자연에서는 추출할 수 없는 은방울꽃 향을 어떻게 사실적으로 표현할지 고민하면서 자신의 정원에 은방울꽃을 기르고 향을 맡으며 고민하다 디오리시모를 만들었다고 해요.

깨끗하고 쨍하고 시원하고 그린한 향이 나는 디오리시모는 복잡하고 무거운 향이 유행하던 당시 트렌드에서 벗어나 맑고 밝으며 심플하면서도 아름다운 형식을 택한 향이기도 합니다. 크리스찬 디올은 아주 만족했고, 나중에 디올이 세상을 떠났을 때 장례식에 쓰인 관 위는 은방울꽃으로 덮여 있었다고 하죠.

이 외에도 여러 종류의 은방울꽃 향이 있어요. 에르메스 에르메상스의 '뮈게 포슬린'은 은방울꽃 향이 나긴 하지만, 약간 물 향 같은 워터리한 느낌이 있습니다.

프레데릭 말의 '신테틱 정글'에선 굉장히 그린하고 차가운 느낌의 은방울꽃 향이 나요. 바이레도의 '인플로레센스'에도 은방울꽃이 들어갑니다.

수선화

수선화 역시 봄에 흔히 볼 수 있는 꽃 중 하나예요. 노란색, 흰색 꽃을 피우죠. 향수에서는 종킬이나 나르시스라고 많이 불립니다.

수선화 역시 향이 없는 대신 크기를 키운 종류가 많기 때문에, 수선화 향을 맡고 싶으시다면 향수선화를 구매하셔야 해요.

수선화는 수확이 까다로워요. 예전에는 일일이 한 송이씩 손으로 따야 했고, 지금은 기계를 사용하지만 향이 날아가기 전에 빨리 향을 추출해야 해요. 장미와 달리 1년 내내 계속 피는 것도 아니에요. 그래서 수선화 추출물은 굉장히 비쌉니다. 합성향도 많이 써요.

수선화 꽃의 향은 그린하고 밝으며 깨끗한 느낌을 줍니다. 추출해서 만든 향은 조금 달라요. 훨씬 더 꽃 향이 진하게 나는데요. 지푸라기나 타바코(담배잎), 혹은 가죽이 연상되는 향을 추가해 더 강렬하게 표현할 수도 있습니다.

수선화가 들어간 향수로는 겔랑 '볼 드 뉘', 에르메스 '오드 나르시스 블루', 펜할리곤스 '레이디 블랑쉬' 등이 있습니다. '오 드 나르시스 블루'는 그린한 향과 함께 살짝 플로럴하면서도 가볍고 흙 같은 느낌을 내는데요, 아주 아름답습니다.

프리지아

프리지아향은 최근에 각광받고 있는 향입니다. 은은하면서도 봄 느낌이 나는 가볍고 산뜻한 향수를 사람들이 많이 찾으면서 주목받고 있어요. 실제로 프리지아는 깨끗하고 맑으면서도 조금 파우더리하기도 하고, 형언할 수 없을 만큼 미묘하고 섬세한 향이 납니다.

프리지아 역시 자연에서는 향을 추출하기가 아주 까다로워서, 여러 향을 합성해서 만들곤 해요. 실제 꽃에서 향을 추출하는 건 수지타산이 맞지 않는 데다가, 프리지아 꽃에서 추출한 향은 우리가 맡은 향과는 다르다는 것도 문제라고 해요.

그러니 우리가 접하는 프리지아향 향수는 여러 꽃의 향을 섞거나, 실험실에서 합성으로 만들어졌다고 봐야겠죠.

조 말론 런던의 '잉글리쉬 페어 앤 프리지아', 딥티크 '오 프레지아', 산타 마리아 노벨라 '프리지아' 등이 대표적인데요, 모두 가볍고 은은하고 오묘한 향이 납니다.

'잉글리쉬 페어 앤 프리지아'는 프리지아를 서양배와 같이 썼는데, 개인적으론 서양배 향이 너무 달게 나서 그렇게

까지 좋진 않았어요. 달콤한 향을 좋아하시는 분이라면 충분히 선호하실 겁니다.

딥티크의 '오 프레지아'에는 블랙 페퍼, 즉 후추 향이 섞여 있어서 프리지아향이 너무 단순하게 느껴지지 않게 해줍니다. 산타 마리아 노벨라의 프리지아는 2020년에 한국 한정으로 리미티드 에디션을 낼 정도로 한국 사람들이 많이 사랑한 제품인데요, 비누처럼 깨끗한 느낌의 맑고 청초한 프리지아 향이 납니다.

히아신스

또 다른 봄꽃 향으로는 히아신스가 있어요. 보라색이나 흰색 꽃이 피는데, 굉장히 오래전부터 많은 사람들이 사랑했습니다.

페르시아 시인 사디가 "당신에게 은전이 두 닢 생긴다면, 한 닢으로는 빵을 사고, 나머지 한 닢으로는 당신의 영혼을 위하여 히아신스를 사시오"라는 시를 쓰기도 했죠.

히아시스는 그린한 느낌을 주면서도 굉장히 깨끗하고 맑고, 깔끔한 향을 내다가 점점 더 피어나면서 강렬하고 진한 향기를 냅니다. 봄철에 꽃집이나 꽃시장을 지나친 적이 있다면 한 번쯤 어디선가 풍겨 오는 아름다운 향기에 매료되셨을 거예요.

그만큼 너무나도 매력적이고 잊을 수 없는 향기인데, 향수에서 히아신스의 향을 추출하려면 에센셜 오일의 형태로 추출해야 합니다. 기름에 향을 입히는 방식으로 추출하기 때문에 굉장히 노동집약적이고 비싸요. 영화 〈향수-어느 살인자의 이야기〉를 보신 분이라면 중간에 주인공이 그라스 Grasse로 가서 기름이 묻은 틀 위에 꽃을 하나하나 놓는 장면을 기억하실 텐데요. 바로 이 방식으로 히아신스 향을 추출합니다.

그래서 향수에 들어가는 히아신스는 대부분 합성향을 사용해요. 에센셜 오일과 비슷하지만 약간 촉촉한 그린한 느낌의 플로럴 향을 냅니다.

히아신스가 들어간 향은 겔랑 '샤마드', 샤넬 '크리스탈', 세르주 루텐 '바 드 수아', 에스티 로더 '프라이빗 컬렉션', 에르메스 '운 자르뎅 수르 닐' 등이 있어요.

히아신스는 물에 젖어 있는 촉촉한 느낌을 주는데, 이 부분에서 호불호가 갈릴 수 있어요.

화이트 플로럴

화이트 플로럴은 흰 꽃이라는 뜻이지만, 색깔이 희다고 해서 화이트 플로럴이라고 부르지는 않습니다. 흰 민들레, 흰 장미, 흰 카네이션 등은 향수에서 말하는 화이트 플로럴 계열 꽃이 아니에요. 대표적인 화이트 플로럴은 자스민, 튜베로즈, 가드니아, 오렌지 블로섬 등입니다.

이들의 공통점은 바로 인돌이 들어간 강렬한 향을 내뿜는다는 점입니다. 자스민이나 가드니아는 나방이 수정해서 밤에 피기 때문에 더욱 강렬하게 향을 내야 하는 꽃들이에요.

인돌은 사실 뭔가 썩은 것 같은 향과 파스 향이 합쳐진 냄새예요. 희석하면 꽃 향이 납니다. 그럼에도 '지린내 같다', '울렁거린다'고 하는 사람들이 있어요. 호불호가 강하게 갈리는 향이죠.

자스민

먼저 자스민을 볼까요? 자스민은 크게 두 가지예요. 우리나라에선 화이트 자스민이라고 알려진 그라스 자스민, 삼박 자스민이라고도 불리는 아라비안 자스민이 있습니다.

실제로 키워 보면 그라스 자스민이 조금 더 애니멀릭한 향을 내고, 아라비안 자스민은 중국 음식점에 가면 나오는 자스민 차와 비슷한 향을 냅니다.

프랑스에서는 주로 그라스 지방에서 자스민을 키웠어요. 지금도 그라스에는 샤넬 소유의 자스민 밭이 있습니다.

전통적으로 자스민은 강렬한 풍성함을 살리는 방향으로 많이 표현했습니다. 대표적으로 장 파투의 '조이'에서 자스민과 장미가 조화되는 강렬한 플로럴함을 느끼실 수 있어요.

자스민 향은 대부분의 플로럴 향수에 들어가는데요. 다른 꽃들과 조화를 이루는 역할도, 스스로를 돋보이게 하는 역할도 뛰어나게 하고 있어요.

러쉬 '러스트', 딥티크 '올렌느'에서 자스민 향을 확인할 수 있습니다. 에어린의 '이캇 자스민'은 그린하면서도 조금 무거운 느낌의 자스민 향수입니다.

튜베로즈

튜베로즈는 이름 때문에 장미와 관련이 있는지 궁금해하시는 분들이 있어요. 전혀 관련이 없는 식물입니다. 장미와 달리 구근식물이에요. 한국에서는 생화로 구하기 어려운데요, 원산지가 멕시코인 만큼 한국에서는 겨울을 나지 못해서입니다.

튜베로즈는 굉장히 신기한 꽃입니다. 키워본 적이 있는데 꽃봉오리에서는 마치 물파스 같은, 강렬하고 그린하면서도 매콤한 향이 났어요. 그래서 혼란스러웠지만 꽃이 피고 나니 아름다운, 꽃 향이 물씬 나는 향기가 퍼졌습니다.

튜베로즈는 향수에서는 조금 까다로운 재료라고 알려져 있어요. 워낙 자기주장이 강하다 보니 균형을 맞추기가 어렵다고 합니다.

로베르트 피게의 '프라카스'는 튜베로즈 계열 향수의 클래식입니다. 자스민, 오렌지 블로섬 등 여러 화이트 플로럴과 함께 강렬하고 화려한 느낌의 꽃 향을 내요.

1980년대에 화려하고 강렬한 향수가 유행하면서 디올의 '쁘아종(이브노틱 쁘아종이나 퓨어 쁘아종이 아닌, 진한 보랏빛 병에 담긴 오리지널 쁘아종입니다)'이 출시되었는데, 이

름 자체가 '독'이라는 뜻인 만큼 달콤하고 통통 튀고 인상이
센 느낌의 튜베로즈 향수였어요.

최근에는 프레데릭 말의 '카넬 플라워'가 또 다른 튜베로
즈 향수로 유행하고 있어요. 튜베로즈 특유의 느낌을 살리
면서 그린함을 더해 자연스럽고 깔끔하면서도 매혹적인 향
수로 꼽혀요.

이 외에도 딥티크 '도 손', 톰 포드 '튜베로즈 뉘' 같은 향
수가 있는데, 저는 튜베로즈 특유의 화려함과 풍성함을 잘
표현했다기보다는 조금 더 차분하고 진정된 향수라는 느낌
을 받았습니다. 조 말론 런던의 '튜베로즈 안젤리카'도 굉장
히 얇고 맑고 가벼운 느낌이에요. 대중적으로는 좀 더 사랑
받는 것 같지만, 튜베로즈의 화려함은 다소 약하게 표현한
향수라고 볼 수 있어요.

가드니아

가드니아는 우리에게 치자꽃으로 더 잘 알려져 있어요.
저희 동네에는 치자꽃을 화분에 두고 키우는 분들이 계신
데, 지나칠 때마다 가드니아 특유의 향이 풍겨 아주 기분이
좋아져요. 흔히 구할 수 있는 식물이기에 꽃 향을 맡아 보실
수 있어요.

덜 익은 바나나 같은 그린한 느낌도 있고, 꽃향도 있고,
버섯이나 블루 치즈가 연상되는 향도 있습니다. 이 때문에
가드니아는 사실적으로 표현하기 어려운 향에 속합니다.

가드니아도 히아신스처럼 기름에 하나하나 꽃을 놓았다가 시간이 지나면 오일을 추출하는 방식을 써야 해요. 다른 향을 섞어 만들거나 합성향을 쓸 수밖에 없습니다. 튜베로즈와 자스민이 섞이면 가드니아 느낌이 나기도 해요.

저는 가드니아 향수를 많이 맡아봤는데, 실제 가드니아 꽃의 복잡한 향을 충실하게 표현해 내는 제품은 드물었어요.

오렌지 블로섬

4월 즈음에 제주도를 가시게 되면 귤꽃이 피어있는 걸 보실 수 있어요. 오렌지 블로섬에서 이와 비슷한 향이 납니다.

이름에 오렌지가 들어있어서 시트러스한 향을 생각하시는 분들이 많은데, 전혀 달라요. 굉장히 플로럴하고 자스민이 연상되는 향이 나죠. 굉장히 가볍고 상쾌할 수도 있고, 아주 화려할 수도 있습니다.

세르주 루텐 '플뢰르 도랑줴'는 무겁고 화려한 느낌이 나요. 엘리 사브의 '르 퍼퓸'에선 밝고 맑은 오렌지 블로섬 향이 납니다. 조 말론 '오렌지 블로섬'도 약간 더 밝은 느낌의 향수고요. 나르시소 로드리게즈 '포 허 오 드 뚜왈렛(검은색 병)'은 밝게 시작해서 점점 더 무거운 느낌으로 변합니다.

티아레, 프랑지파니

이 외에도 열대 휴양지에서 자주 보이는 꽃인 티아레나 프랑지파니 등의 꽃도 최근 새롭게 화이트 플로럴 계열로 쓰이고 있어요.

티아레는 가드니아와 향이 비슷하고, 프랑지파니는 플루메리아라고도 불리는데, 타히티나 하와이가 연상되는 열대 느낌을 가지고 있으면서도, 약간의 스파이시함과 함께 화이트 플로럴 특유의 풍성하고 향긋한 향을 냅니다.

구딸 파리의 '송쥬'는 티아레 꽃과 프랑지파니를 함께 써서 열대 느낌의 굉장히 풍성하고 풍부한 향을 내면서도 자스민, 일랑일랑으로 향기로운 느낌을 가미했어요.

백합

백합은 화이트 플로럴로 분류하기도, 스파이시 플로럴로 분류하기도 해요. 특유의 맑고 밝은 향 때문에 다양하게 활용됩니다.

제가 백합을 키워 보니 카사블랑카 릴리라는 종은 굉장히 풍부하고 풍성한 화이트 플로럴향을 내서 베란다에서 가장 멀리 떨어진 주방까지 향이 퍼질 정도였어요.

그러나 어떤 백합 종류에서는 조금 매콤한 향이 나기도 해요. 러쉬 '데스 앤 디케이'에선 매콤한 백합 향이 강렬하게 납니다.

개인적인 호오와 경험의 차이로 백합향에 대한 평가도 갈려요. 결혼식을 연상시켜서 좋다는 사람들이 있고, 반대로 장례식이 떠오른다는 사람들도 있어요.

일랑일랑

일랑일랑은 동남아시아와 태평양 섬을 원산지로 하는 꽃이에요. 개나리 같이 생겼지만 실제로 보면 훨씬 큽니다. 꽃은 노란색이지만, 화이트 플로럴과 함께 쓰이고 향이 비슷해요.

일랑일랑은 최근에는 주로 마다가스카르 등 아프리카 주변 섬에서 키웁니다. 3~4년 자란 뒤부터 꽃을 피우기 시작해요. 1년에 2번씩 피다가 나무가 자랄수록 거의 계속 꽃이 핍니다.

꽃 자체도 비교적 큰 편이고, 나무 역시 빠르게 자라서 평균 12m까지 크기 때문에 쉽게 꽃을 수확할 수 있어요. 자스민에 비해 값이 싸서 '가난한 사람의 자스민'이라고 불리기도 했어요.

일랑일랑 향은 다른 화이트 플로럴 향과 비슷하게 풍성하면서도 바나나, 커스타드 같은 향이 함께 나요.

보통 주가 되기보다는 다른 향을 보조해 주는 역할을 하지만, 메종 마르지엘라의 '비치 워크'에선 코코넛과 함께 주향조로 사용되어 열대나 해변의 느낌을 냈습니다.

허니서클

허니서클은 한국어로는 인동초라고 하는 꽃이에요. 화이트 플로럴 향과 함께 꿀 향을 냅니다.

인동초라는 이름에서도 알 수 있듯이, 추운 날씨도 어느 정도는 버틸 수 있어요. 원래는 여름에 피는 덩굴형 꽃으로, 굉장히 강렬한 향을 가지고 있습니다. 제주도에 갔을 때 담벼락을 허니서클이 뒤덮은 것을 본 적이 있는데 향이 아주 좋았습니다. 조 말론 런던의 '허니서클 앤 다바나'가 대표적인 향수예요.

스파이시 플로럴

어떤 꽃에서는 향신료 냄새, 스파이스 향이 나기도 해요. 이런 꽃들은 스파이스 향이 강한 향수에 쓰이거나, 다른 꽃들과 함께 써서 약간의 특색을 부여하거나, 앰버리 계열 향수에 써서 더 강렬한 인상을 줄 수 있도록 만들죠.

스파이시한 꽃으로 카네이션과 이모르텔이 있어요. 어떻게 꽃에서 이런 향이 나는지 약간은 충격적일 만큼 특징적인 향을 가지고 있어요. 나중에 향수를 맡았을 때 이게 바로 그 향이었구나! 알아차릴 수 있을 거예요.

카네이션

카네이션은 어버이날에 부모님께 드려 보셨을 거예요. 그런데 생각해 보면 별다른 향기가 나지는 않았던 것 같죠?

꽃집 카네이션은 향이 없습니다. 크기와 색, 보존성을 강화해서 키웠기 때문인데요, 카네이션 향을 맡고 싶다면 향카네이션을 따로 구해서 키워야 합니다.

향카네이션을 키우다 꽃이 폈을 때 꽃에 코를 갖다 대고 숨을 들이쉬면 생각보다 매콤한 향이 나는 것을 알 수 있어요. 후추 향 같기도 하고 장미향 같기도 한데, 주로 스파이시한 클로브(정향) 향이 나요. 알싸하면서도 매콤합니다.

카네이션은 오래전부터 사랑받아 왔어요. 신화나 역사에도 자주 등장해요. 그리스 신화에서는 헤라가 자신의 꽃(백합)을 가지자 질투가 난 제우스가 땅에 번개를 내리게 했는데, 거기서 피어난 꽃이 카네이션이라고 해요. 레오나르도 다 빈치가 그린 〈카네이션을 든 성모〉라는 작품도 있어요. 초기 기독교인들은 동정녀 마리아의 눈물이 떨어진 곳에서 카네이션이 피어났다고 믿었거든요.

카네이션의 인기는 빅토리아 시대에 최고조에 달했어요. 여러 꽃말이 붙기도 했죠. 붉은 카네이션은 깊은 사랑과 행운, 흰 카네이션은 모성애와 순수함, 보랏빛 카네이션은 변덕스러움, 분홍 카네이션은 감사와 선망, 노란 카네이션은 거절 등의 의미가 있었습니다.

그러나 1917년에 러시아 공산주의 혁명이 얼어나면서 붉은 카네이션이 공산주의의 상징으로 인식되기 시작했어요. 인기도 사그라들었죠.

그럼에도 카네이션 향은 향수에 자주 쓰였어요. 1900년대 초중반에 나온 향수로는 까롱 '벨로지아(1927)', 로저 앤 갈레 '블루 카네이션(1937)', 니나 리치 '레르 뒤 땅(1948)',

까롱 '프와브르(1954)' 등이 있습니다.

그러나 현대에 와서 카네이션은 잊힌 향료가 되었어요. 두 가지 이유가 있습니다. 첫 번째는 카네이션이 이전 시대에 굉장히 많이 사랑받은 만큼 옛날 느낌, 좋게 말해서 빈티지하고 나쁘게 말하면 유행이 지난, 촌스러운 느낌을 준다는 겁니다. 두 번째는 카네이션에 포함된 물질 때문이에요. 알싸한 향을 내는 유제놀이라는 물질인데, 소량만 노출되어도 국소 부위의 피부 발진, 피부염, 가끔은 알레르기 반응을 일으킬 수 있습니다. 다량 노출되면 조직 손상, 발작, 혼수상태, 간과 콩팥 손상을 일으킬 수 있다고 합니다.

이 때문에 유제놀의 사용은 엄격히 규제되고 있어요. 카네이션의 분위기를 내기가 쉽지 않은 거죠.

카네이션 향이 나는 향수들도 아주 강하게 나지는 않아요. 세르주 루텐의 '비트리올 도이예', 겔랑 '루이'가 대표적입니다. 비트리올 도이예는 강렬하고 스파이시한 카네이션보다는 차가운 느낌을 줍니다. 겔랑 루이에는 서양배가 들어가는데 이 향이 너무 달콤해서 저는 카네이션이 잘 느껴지지 않았어요.

이모르텔

이모르텔은 향수에서는 이모텔이라고도 하고, 이모르뗄이라고도 하고, 에버라스팅이라고도 해요. 식물계에서는 주로 커리플랜트라고 부르죠. 생김새는 로즈마리를 닮았습니다.

이모르텔immortelle은 프랑스어로 불멸이라는 뜻입니다. 불멸, 불사라는 뜻의 영어 단어 immortal과도 비슷하죠. 이 식물이 영원히 죽지 않아서나, 먹으면 불사의 존재로 만들어 주는 효과가 있다고 믿어서는 아니고요. 꽃을 꺾은 후에도 그 모양을 아주 오랫동안 유지하기 때문에 붙은 이름이에요.

커리플랜트라고 불린다는 점에서 캐치하셨을지도 모르겠어요. 이 꽃의 잎에서는 커리 향이 납니다. 그것도 아주 강렬한 커리 향이에요. 하지만 맛은 약간 쌉쌀하고 쑥 같아요. 이 꽃의 원산지인 발칸 반도 등 지중해 지역, 특히 이탈리아에서는 요리에 넣어서 향을 입히는 용도로 씁니다. 약재나 아로마테라피에서도 아주 중요한 역할을 하고 있어요. 간, 소화기관, 혈액순환, 피부병에 좋다고 해요.

록시땅에도 이모르텔이 들어간 안티에이징 스킨케어 라인이 있어요. 약용, 혹은 피부미용 용도로 지금도 연구, 개발되고 있습니다.

향수에는 잎이 아닌 줄기와 꽃 부분이 쓰입니다. 꽃을 증류시켜서 향을 추출하는데, 1kg가 조금 안되는 에센셜 오일을 만들기 위해 1톤의 꽃이 필요해요. 굉장히 비싼 원료 중 하나죠. 꽃은 보통 여름에 한 번 수확하고, 9월~11월 사이에 한 번 더 수확합니다.

이모르텔 꽃에서는 아주 신기한 향이 나요. 꽃 향도 나지만, 타바코(담배잎), 지푸라기, 커리 같은 매콤한 향, 그리고 꿀이나 메이플 시럽 같은 아주 달콤한 향도 느껴져요.

스파이시한 향과 함께 써서 스파이시함을 강조하기도 하고, 우디한 향이나 타바코 향, 레더 향에 써서 드라이한 느낌을 더 강조할 수도 있어요. 반대로 달콤함을 주어 향이 너무 무겁지 않게 해줄 수도 있고요. 앰버리한 향과 함께 쓰면 특유의 무거우면서도 달콤한 향을 더해 주죠.

그만큼 여러 방식으로 쓰이고 있습니다. 에따 리브르 도 랑쥬의 '애프터눈 오브 어 판'에서 느껴보실 수 있어요. 같은 브랜드의 '틸다 스윈튼 라이크 디스'에도 들어가죠. 이스뜨와 드 퍼퓸의 '1740 마르키 드 사드'에도 쓰여요.

구딸 파리의 '사블'은 아주 강렬한 이모르텔 향을 냈었어요. 여러 재조합 과정을 거친 현재의 버전은 예전만큼 강하지는 않아요.

파우더리 플로럴

파우더리 플로럴은 말 그대로 분가루처럼 부드럽고 포근한 느낌을 내는 꽃 향이에요. 대표적으로 아이리스, 바이올렛(제비꽃), 헬리오트로프, 그리고 미모사가 있습니다. 아이리스와 바이올렛, 그리고 헬리오트로프 모두 보라색 꽃이기 때문에 퍼플 플로럴이라고 부르기도 합니다.

지금까지의 분류로 딱딱 맞아떨어지지 않는 플로럴들도

소개할 거예요. 오스만투스, 참파카, 그리고 워터 릴리/로투스가 있습니다.

아이리스

아이리스는 우리에게 친숙한 꽃입니다. 우리말로는 붓꽃이에요. 이곳저곳에서 아름답게 자라나는 아이리스를 보면 정말 모양도 색깔도 아주 다채로워요. 그리스 로마 신화에 등장하는 무지개 여신의 이름이 붙은 이유를 알 수 있죠.

아이리스 꽃에서 무슨 향이 나는지 아시는 분이 있을까요? 없을 것 같아요. 아이리스, 혹은 오리스라고 부르는 향료는 꽃이 아니라 뿌리에서 채취합니다. 아주 시간이 오래 걸리고, 양도 그리 많이 나오지 않아요.

아이리스 뿌리는 처음부터 좋은 향을 내지는 않습니다. 심은 후 적어도 3년가량이 지난 아이리스의 뿌리를 수확한 후, 2~5년 동안 건조해야 아이리스 향을 내는 성분이 만들어집니다.

서양에서는 아이리스 뿌리를 가루 내서 로코코 시대 하면 생각나는 흰 가발에 뿌렸다고 합니다. 약재로도 쓰였고, 화장품으로도 많이 쓰였어요. 파우더리한, 부드럽고 포슬포슬한 향을 내는데, 어떻게 표현하느냐에 따라 부드럽고 따스한 느낌을 줄 수도 있고 차가운 흙 향이 섞여 날 수도 있어요. 가볍고 산뜻한 향으로 표현되기도 합니다.

아이리스는 굉장히 고급스럽고 우아한 느낌을 가미해

준다고 생각해요. 우디한 향에도, 플로럴한 향에도, 그린한 향에도 잘 어울려요. 향을 고정해 주는 역할도 하죠.

대표적인 아이리스 향수로는 프라다 '인퓨전 디 아이리스', 에르메스 '이리스', 샤넬 '라 파우자'와 'No.19 뿌드르', 산타 마리아 노벨라 '아이리스', 딥티크 '플레르 드 뽀' 등이 있습니다.

바이올렛

바이올렛은 한국에선 제비꽃이라고 부르죠. 바이올렛은 가볍고 은은하고 약간 달콤하면서도 부드러운 향을 가지고 있어요. 주로 장미나 아이리스와 함께 쓰여서 달콤함, 부드럽고 포슬포슬한 느낌을 더해 줍니다.

예전에는 바이올렛 꽃에서 직접 향을 채취했지만, 지금은 합성향을 많이 써요.

바이올렛은 빅토리아 시대에 가장 많이 사랑받은 꽃 중 하나인데요. 순수함, 따스함, 정결함 등을 미덕으로 여겼던 빅토리아 시대와 아주 잘 들어맞았습니다.

그러나 20세기 들어 유행에 뒤처진 이미지가 되었어요. 더 강렬하고 새로운 향료가 나타나면서 부드럽고 은은한 바이올렛은 밀려났습니다. 19세기 말의 무도회에서 춤을 추는 여성과 1920년대 재즈 시대의 모던 걸을 생각해 보시면, 바이올렛이 후자에는 그리 잘 어울리지 않는다는 걸 느끼실 수 있을 거예요.

1926년에는 뉴욕 브로드웨이의 무대에 극작가 에두아르 부르데가 쓴 〈포로〉라는 연극이 올라가는데요. 브로드웨이에서 거의 처음으로 동성애를 다룬 극이었어요. 극의 주인공인 두 여성이 서로에 대한 신의와 사랑의 상징으로 바이올렛을 건네주는 장면이 있죠. 이때부터 바이올렛은 동성애의 상징이 됐고, 용납할 수 없었던 주류 사회는 바이올렛을 꺼리기 시작해요.

잊혔던 바이올렛은 최근에 조금씩 다시 향수에 쓰이고 있어요. 겔랑 '엥솔랑스'와 '로즈 쉐리', 루이 비통 '스펠 온 유', 구찌 '더 버진 바이올렛' 등에 들어갑니다.

헬리오트로프

헬리오트로프는 낯선 꽃일 수 있어요. 저는 키워 본 적이 있는데 허브류로 분류하기도 하더라고요. 이름에 붙은 '헬리오'는 그리스 로마 신화에 나오는 태양의 신인 헬리오스의 이름에서 따온 겁니다. 그만큼 햇빛을 좋아하는 식물이라 장마철과 겨울에 키우기는 어려워요.

헬리오트로프에선 바닐라, 구운 아몬드, 초콜릿, 체리 파이 같은 달콤한 향이 납니다. 이 때문에 체리 파이 꽃이라고도 불려요. 파우더리하고 포슬포슬한 느낌이 나는 특징이 있어서 달콤하면서도 부드러운 느낌을 향에 더해 줍니다.

용매를 이용해서 향을 추출할 수는 있지만, 특징이 되는 향을 분리해서 추출하기가 쉽지 않아서 합성향을 많이 씁니다. 가죽 향과도, 플로럴 향과도, 앰버리한 향과도 정말 잘 어울려요.

헬리오트로프가 들어간 향수로는 겔랑 '뢰르 블루', 프레데릭 말 '로 디베', 톰 포드 '로즈 디 아말피'가 있습니다.

미모사

미모사는 혼동하기 쉬운 식물이에요. 과학 시간에 건드리면 잎을 닫아버리는 식물, 미모사에 대해 배웠을 텐데요. 이 미모사는 향수의 미모사와는 다릅니다. 향수에 쓰이는 미모사는 호주 원산의 꽃으로, 노란 솜뭉치 같은 모양이에요. 이탈리아에서는 여성의 날에 이 꽃을 선물한다고 해요.

유럽에서는 아카시아, 까시 등의 이름으로도 불러요. 우리나라에선 은엽아카시아, 혹은 노랑아카시아라고 부릅니다.

미모사는 파우더리한, 마치 꽃가루가 연상되는 향과 부드럽고 달콤한 향을 냅니다. 표현하는 방법에 따라 꿀 향, 지푸라기 향, 우디한 향, 그린한 향이 함께 나기도 해요. 단, 조금만 잘못 써도 이상한 향이 나오기 쉬워 다루기가 어렵습니다.

미모사가 들어간 향수로는 프레데릭 말 '윈 플레르 드 까시', 그리고 MDCI의 '엉 쾨르 엉 메이'가 있습니다.

오스만투스

이제 지금까지 분류한 플로럴과는 조금 다른 특징을 가

진 꽃 향들을 살펴볼게요. 오스만투스는 한국어로는 꽃 색깔에 따라 노란색은 금목서, 흰색은 은목서라고 해요. 계화, 혹은 계수나무라고 부르는 곳도 있습니다.

따스한 남도 쪽에 가면 흔히 볼 수 있는 식물 중 하나인데요. 중국에서는 구이저우, 윈난, 쓰촨 지역에서 자라고, 대만과 일본, 동남아에서는 베트남, 태국, 캄보디아 등 히말라야 산 동쪽 남부에서 많이 자랍니다.

이 꽃은 젤리나 차로 만들어 먹기도 하고, 술도 담근다고 해요. 서양에서는 장 파투의 '1000(1972)'이라는 향수를 통해 유명해졌습니다.

당시 장 파투의 전속 조향사인 장 케를레오는 이 꽃을 구하기 위해 중국으로 여행을 갔는데, 어느 작은 마을에서 겨우 필요한 만큼의 오스만투스를 구할 수 있었다고 해요.

실제 오스만투스를 키우면 쥬시후레쉬 껌의 향 같은 달콤하고 프루티한 향이 강하게 나요. 향수에서는 보통 오스만투스의 이 달콤한 살구향의 프루티함을 극적으로 강조하거나, 레더리한 향과 함께 섞어 향에 부드러움을 더하고 건조한 느낌을 줄여 주기도 합니다. 홍차 향과도 같이 쓰여요.

오스만투스 향이 들어간 유명한 향수는 메모의 '인레'가 있죠. 에르메스 '오스망뜨 위난'에도 들어갑니다.

참파카
참파카는 남아시아와 동남아시아, 중국 남부에서 자라

는 목련과의 식물인데요, 목련과라는 말을 들으면 목련과 향이 비슷할 거라고 생각하실 것 같아요. 하지만 목련이 조금 더 가볍고 다소 시트러스 같은 상쾌함이 있는 반면 참파카는 오렌지 블로섬과 비슷한, 아주 강렬한 인돌릭함과 함께 스파이시한 향이 납니다.

톰 포드의 '참파카 압솔루트'에서 향수의 주 테마로 제역할을 톡톡히 해내요.

워터 릴리, 로투스

워터 릴리, 그리고 로투스는 수련과 연꽃을 뜻하는데요, 향수에서는 그린함이 느껴지는 동시에 가볍고 촉촉한, 물기가 똑똑 떨어질 것 같은 워터리한 꽃 향을 표현하고 싶을 때 사용합니다.

에르메스의 '운 자르뎅 수르 닐', 이세이 미야케의 '로 디세이'에 들어가, 촉촉하면서도 부드럽고 상쾌한 느낌을 주죠.

12

아쿠아틱

상쾌한 물의 향

과거 서양에서 향은 질병으로부터 사람을 보호하는 역할을 했습니다. 여러 질병이 더러운 공기에서 유발된다고 믿었거든요. 흑사병 등 전염병이 돌 때 의사들은 긴 부리가 달린 새 같은 모양의 가면을 쓰고, 부리 끝에 여러 허브나 꽃 등을 넣어 향을 맡으며 질병으로부터 스스로를 보호하려 했습니다. 포푸리나 향초, 향 뭉치 등도 썼어요. 1600년대 후반에는 '기적의 물'이라는 뜻인 '아쿠아 미라빌리스'라는 향수도 나왔었죠.

향수의 용도는 치료와 예방에서 지친 심신에 활력을 주는 쪽으로 발전했어요. 가볍고 상쾌한, 시트러스나 허브의 아로마틱한 향이 많이 나는 향수가 나왔습니다.

19~20세기 초반에는 오염된 환경의 영향에 이국적인 향의 유행이 더해지면서 무겁고 강렬한 향수가 유행했지만, 1960~1970년대에는 다시 가볍고 상쾌하며 자연스러운 향이 주목받았어요. 이전보다 위생적인 삶을 살기 시작했고, 자연에 대한 흥미를 갖기 시작했던 시기였죠. 무엇보다 생활 체육의 유행으로 스포츠가 대중화됐어요.

1980년대에는 다시 화려하고 자기주장이 뚜렷한, 조금 과할 정도로 센 향수들이 유행했다가 1980년대 후반쯤부터는 에이즈 감염 공포가 커지면서 섹슈얼한 느낌을 주는 향에 반감이 생기기 시작했어요.

가볍고 상쾌한 향이 인기를 얻으면서 물의 느낌이 나는

워터리한, 아쿠아틱한 향수들이 나오기 시작합니다.

칼론

물 향을 표현할 때 사용되는 화학 물질인 칼론은 1951년에 화이자가 개발했어요. 약재로 쓰려고 연구를 진행했는데, 그 방면에서는 별로 효과를 보지 못해서 방법을 찾다가 특유의 향에 주목하기 시작했다고 해요.

1966년에 판매가 시작되고, 1970년에 특허를 받았어요. 아쿠아틱한 향을 써서 대히트한 향수는 1988년에 나온 다비도프 '쿨 워터'입니다.

여기에 들어간 칼론 향이 프레시하고 상쾌한 물 향을 내주기 때문에 분명한 특색을 가질 수 있었어요. 이 향수가 굉장히 유행하면서 아쿠아틱한 향수가 남성용, 여성용 가리지 않고 다양하게 만들어졌습니다.

1992년에 나온 이세이 미야케의 '로 디세이', 1994년에 나온 '로 디세이 뿌르 옴므' 모두 칼론을 사용했어요.

시원하고 상쾌한 느낌으로 개운한 인상을 주기 때문에 탑 노트로 많이 쓰여요. 여름을 연상시키는 향수에도 많이 들어갑니다. 겨울의 얼어붙은 차가운 물의 느낌을 주는 데에도 쓰여요. 세르주 루텐의 '로 프로이드'가 그런 향수예요.

아쿠아틱한 향의 장점은 그동안 표현하기 어려웠던 새로운 방식으로 물의 향을 구현했다는 점뿐만은 아니에요. 물 향은 다른 향과 달리 성별에 상관없이 쓸 수 있어요. 전

세계 어디에서나 맡을 수 있는 물 향은 성별 고정관념에 구애받지 않아요.

지속력이 좋기 때문에 탑 노트로 쓰더라도 계속 다른 향에 효과를 미칠 수 있어요. 향의 처음부터 끝까지 존재를 드러내며 다른 향과 어우러지게 만들 수 있죠.

아쿠아틱한 향을 내는 물질 중에는 다른 향과 결합했을 때 더욱 상쾌하고 깨끗한, 신선한 공기 같은 느낌을 주는 것들이 있습니다. 플로럴 오존이라는 물질은 꽃 향과 아주 잘 어울려요. 가볍게 산들산들 불어오는 바람 같은 느낌에 바닷가도 연상되는 향이에요.

단점도 있어요. 물 향은 굉장히 차갑고 메탈릭한 느낌을 주기도 합니다. 수영장을 한번 떠올려 보세요. 수영장을 청소하기 위해 쓰는 염소가 떠오르실 거예요. 이 향이 조금 더 강해지면 쇠 냄새가 나기 시작합니다. 칼론이나 물 향이 들어간 향수를 뿌리면 하루 종일 수영장에서 방금 나온 사람 같은 느낌이 들기도 해요.

물 향이 어지럽다, 울렁거린다고 하는 사람들도 있어요. 오이 향을 싫어하는 분들을 보셨을 텐데요, 물 향을 표현하는 데 가장 흔히 쓰이는 칼론은 오이에도 자연적으로 들어가 있어요. 오이 향을 싫어하시는 분들은 칼론에도 거부감을 느낄 수 있습니다. 호불호가 뚜렷하기 때문에, 물 향이 들어간 향수는 선물하기 전에 받는 분에게 꼭 물어보세요.

아쿠아틱, 마린, 오조닉

향수계에서는 물 향을 다양한 언어로 표현해요. 아쿠아틱 혹은 마린, 오조닉이라고도 합니다. 각각 물, 바다, 그리고 비 오기 전 대기의 느낌을 지칭할 때 쓰는 말인데요.

마린은 바닷가나 바닷물에서 느낄 수 있는 짭짤한 향을 뜻합니다. 합성해서 만들기도 하고, 해초나 해조류에서 추출하기도 해요. 마린 노트, 혹은 마린 어코드라고도 해요.

딥티크의 '플로라벨리오'는 노르망디의 사과나무 꽃과 커피, 바닷물에서 영감을 받았다고 해요. 처음에 바닷물 같은 짭짤하고 시원한 향이 나죠.

프레데릭 말의 '리 메디떼라네'는 부드러운 백합 향과 매콤한 생강 향과 동시에 짭짤한 바닷물 향이 납니다.

오조닉한 향은 주로 비를 연상시킵니다. 비가 오기 전 대기에서 뭔가 축축한 향기가 날 때가 있는데요. 이 축축한 느낌을 표현하는 향이에요.

우리가 흔히 말하는 비 냄새는 페트리코라는 물질 때문인데요. 이 물질을 재현하는 것이죠.

르 라보의 '베이 19'에서 느껴지는 축축한, 비에 젖은 느낌이 오조닉한 향이라고 할 수 있어요.

13

파우더리

분가루와 비누의 향

파우더리한 향은 베이비 파우더, 따스한 솜이불, 포근한 스웨터, 사람의 살결을 연상시켜요. 부드럽고 포슬포슬한 느낌이에요.

파우더리한 재료에는 여러가지가 있는데요. 대표적인 것이 우디 향에서 다뤘던 캐쉬미어 우드, 혹은 캐쉬메란입니다. 이름에서도 볼 수 있듯이 캐시미어 스웨터나 가운이 생각나는 포근하고 따스한 느낌을 표현해요. 1970년에 발견된 이후로 아주 여러 향수에서 쓰이는데요. 니샤네의 'B-612'나 프레데릭 말의 '덩 떼 브하'에 들어가 있어요.

애니멀릭 향에서 다룬 화이트 머스크도 파우더리한 향을 내요. 오랫동안 세제나 베이비 파우더에 쓰였기 때문에 갓 세탁한 옷, 이불을 연상하게 하는 향이에요.

예를 들면 클린의 '웜 코튼'은 부드럽고 포슬한, 마치 솜 같은 향이 나요. 화이트 머스크가 들어가서 그런 효과를 내는 거예요. 더 바디 샵의 '화이트 머스크'도 화이트 머스크가 굉장히 많이 들어가서 부드럽고 포근한, 베이비 파우더 느낌이 나죠.

섬유유연제 느낌 때문에 거부감을 느끼는 분들도 있어요. 제가 그래요. 화이트 머스크가 많이 들어가면 이게 향수인지 섬유유연제인지 헷갈릴 정도로 세제 느낌이 나거든요. 자연스런 향이 아니라 기능성 방향 제품 같아서 거부감을 느끼는 거죠. 울렁거린다는 사람들도 있고요. 호불호가 있으니 주의해 주세요.

14

알데하이드

소독약의 쨍한 차가움

알데하이드를 말할 때, 샤넬 'No.5'를 빼놓을 수가 없습니다. 샤넬 'No.5'를 맡아보셨다면, 처음에 엄청 차갑고 쨍한 느낌의 향이 나는 걸 기억하실 거예요. 바로 알데하이드입니다.

샤넬 'No.5'는 알데하이드를 처음으로 쓴 향수는 아니에요. 이 향수의 성공으로 알데하이드가 유행하게 된 거죠. 샤넬 'No.5'가 대히트를 하면서 향수, 특히 플로럴 계열 향수에 알데하이드를 넣는 제품이 굉장히 많아졌어요. 겔랑의 '리우', 코티의 '레망', 랑방 '아르페쥬', 지방시 '랑떼르디' 등 여러 향수가 알데하이드를 사용하기 시작했습니다.

알데하이드는 차갑고 쨍하고 시원한 바람이나 얼음 같은 느낌을 줍니다. 상쾌하고 맑고 밝은 느낌이 들어요. 플로럴 향에 반짝이고 빛나는 듯한 느낌을 가미합니다.

샤넬 'No.5'의 차가운 느낌과 다르게 쓰일 수도 있어요. 랑방 '아르페쥬'의 빈티지 버전에서는 오히려 따스한, 양초의 왁스 향 느낌을 내요.

이런 다양성은 알데하이드라는 용어 자체가 특정한 물질을 가리키는 것이 아니라, 알데하이드기를 가진 화합물의 총칭이기 때문이에요. 알데하이드 향은 그린한 향, 오렌지 향, 레몬 향, 장미 향, 복숭아 향 등으로 다양하게 나타납니다.

자연에서도 시트러스 과일, 바닐라, 시나몬, 고수 등이 알데하이드 성분을 포함하고 있어요. 어떤 알데하이드를 사용하는지에 따라 다른 느낌을 표현할 수 있는 거죠.

과학실에서 개구리 표본을 저장하는 데 쓰는 용액도 알데하이드예요. 포르말린이라는 용액인데요, 포름알데하이드라는, 알데하이드 계열 물질을 35~40% 정도 넣은 수용액입니다. 포르말린은 1% 정도로 희석해 가구나 실내 소독용으로도 쓰죠. 새집증후군의 원인이 되기도 해요. 물론 향수에서 유독성 물질인 포름알데하이드를 쓰진 않으니 걱정할 필요는 없어요.

보통 '알데하이딕하다'라고 표현하는 향에는 샤넬 'No.5'가 큰 영향을 미쳤기 때문에 깨끗하고 상쾌한 느낌이 주로 쓰여요. 알데하이드는 보통 C(숫자)의 형태로 종류를 표기하는데요, 샤넬 'No.5'와 비슷하게 상쾌하고 맑은 느낌을 주는 건 C10, C11, C12입니다.

최근의 향수에서는 그렇게 많이 쓰이지는 않는 편입니다. 향료를 규제하는 IFRA에서 규제 대상이 될 것이라는 전망이 나오고 있거든요. 앞으로 나올 규제에 대비해 알데하이드 계열 향수를 덜 만드는 경향이 있어요. 오랫동안 유행한 향이라 고루한 느낌을 주기도 하고요.

그럼에도 알데하이드를 재해석해서 표현한 향수들을 소개해 볼게요. 바이레도의 '블랑쉬'는 깨끗하고 하얀 느낌을 알데하이드로 표현해요. 현대적이면서도 감각적으로 만들었다고 생각합니다.

메종 마르지엘라의 '레이지 선데이 모닝'도 처음에 느껴지는 쨍하고 시원한 햇빛의 느낌을 알데하이드가 잘 표현해 주고요. 르 라보의 '알데하이드 44'도 깨끗하고 맑은 느낌이 잘 표현된 향수입니다.

합성향 대 천연향

향수에 대해 조금씩 알아보기 시작하면, 합성향(인공향)에 대한 이야기를 듣게 되실 거예요. 합성향이 떠오르기 시작한 건 19세기 말입니다. 최근 들어 합성향 트렌드가 더 뚜렷해진 이유는 여러 가지가 있어요.

첫 번째로 멸종 위기나 환경 파괴, 동물 학대에 대한 의식 수준이 높아진 겁니다. 애니멀릭한 향과 우디한 향을 다룬 글에서 이런 요인 때문에 합성향을 찾는다는 말씀을 드렸었어요.

두 번째 요인은 알레르기입니다. 많은 분들이 막연하게 자연에서 직접 추출한 천연향은 좋은 것, 합성향은 안 좋은 것이라고 생각하시지만 그렇지 않아요. 자연에도 독성이 있어요.

독버섯이나 복어, 독사를 생각해 보면 자연에서 추출한 물질이라고 해서 꼭 안전하고 좋은 건 아니라는 점을 알 수 있죠. 게다가 알레르기 반응을 일으키는 요인은 대부분 식물이나 동물입니다.

식물인 베르가못과 오크모스가 대표적으로 알레르기를 일으키는 원료예요. 저는 베르가못 알레르기가 있는데요. 천연 베르가못이 들어간 향수를 몸에 뿌리면 붉게 부어오르고, 햇빛에 노출되면 더 심하게 따갑고 간지러워요. 오크모스도 알레르기 반응을 일으킨 사례가 많아 규제되기 시작한 거고요.

세 번째로, 특정 원료가 발암물질로 확인되기도 합니다.

은방울꽃 향을 재현할 때 흔히 쓰이는 물질로 리랄, 하이드록시 시트로넬랄이 있었는데요. 발암물질로 확인되어 지금은 쓰이지 않고 있습니다. 합성 머스크 중 특정 물질은 인체와 환경에 축적되어 호르몬 교란 등 문제가 생길 수 있다는 연구 결과가 발표된 이후로 쓰지 않죠.

네 번째 요인은 특정 향을 재현할 수 있는 새로운 물질의 발견입니다. 솜사탕 같은 달콤한 향을 내는 에틸 말톨, 아쿠아틱한 향을 낼 때 많이 쓰이는 칼론이 그렇죠. 천연향만으로는 이런 효과를 내기가 어려워서 합성향을 써요.

천연 재료가 있더라도 재료에서 특정 물질만을 인위적으로 분리해 사용하는 것이 조향사들이 원하는 효과를 표현하고, 원치 않는 효과를 배제하기가 더 쉽습니다.

마지막으로 가격을 낮추기 위해 합성향을 쓰기도 합니다. 침향나무에서 추출하는 오우드 향이나 바닐라에서 뽑아내는 바닐라 향은 재료 자체가 비싸거나 향을 추출하는 방식이 수작업이라 비용이 많이 듭니다. 이럴 때 합성향을 만들어 쓰죠.

합성향이 늘어난 데에는 앞서 자주 언급된 IFRA라는 단체의 영향도 커요. IFRA는 향수업계를 대표하는 단체로 안전한 향수 사용을 위해 만들어졌어요. 전 세계의 향료 제조사들이 구성원이죠.

이 단체는 향과 맛을 낼 때 들어가는 향료를 관리해요. 소속 과학자들이 특정 성분을 어떤 농도 이하로 넣었을 때

안전하다는 연구 결과를 내면 IFRA 회원들은 이 권고를 따라야 합니다. 그래서 어떤 향의 원료는 향수에서 아예 쓸 수 없고, 어떤 원료는 특정 농도 이하로만 사용할 수 있어요.

많은 향료 제조사들이 회원으로 가입되어 있어서 권고문이 나오면 조향사들은 대부분의 제조사에서 향료를 구할 수 없게 되는 거죠.

유럽연합EU에서도 여러 방식으로 향료를 제재하고 있습니다. 우리나라에 식품의약품안전처가 있는 것처럼 유럽연합에도 비슷한 부처가 있는데요, IFRA 규제를 참고하거나 직접 연구한 결과를 바탕으로 향료를 규제하고 있어요. 유럽에서 향수를 판매하고 싶다면 이 규제를 따라야 해요.

동아시아나 중동, 아메리카 대륙에서도 향수 산업이 많이 발달한 것은 맞지만, 유럽은 훨씬 오랜 향수 전통을 가지고 있는 지역이에요. 업계에선 유럽 향수 시장에서 성공하는 것이 중요한 지표로 여겨지고 있어요. 유럽연합의 규제가 전 세계 향수 시장에 많은 영향을 끼치는 이유죠.

이런 경향에 반대하는 목소리도 있어요. 2012년에 IFRA에서 향수에 주로 쓰이는 12개의 재료를 엄격하게 규제하는 권고안이 나왔습니다. 유럽연합도 이 권고문을 받아들이기로 했죠.

규제 항목으로는 레몬과 탠저린 등에 쓰이는 시트랄, 통카빈에서 추출되는 쿠마린, 카네이션과 클로브, 그리고 장미에서 발견되는 유제놀 등이 있었는데요. 당시 향수 업계

관계자들의 반발이 심했어요.

에디션 드 퍼퓸 프레데릭 말을 설립한 프레데릭 말의 2014년 로이터 인터뷰를 볼까요.

"특정 성분이 알레르기를 일으킨다는 이유로 시트랄을 향수에서 금지한다면, 오렌지 주스 역시 금지해야 합니다. 이상한 일입니다. 우리는 자연을 금지할 것이 아니라 어떻게 공존할 것인지에 대해 생각해야 합니다 (…) 향수를 (규제에 맞게) 재조합하는 데는 6개월이 넘게 걸릴 수 있으며, 적어도 30번의 테스트를 거쳐야 합니다. 새 향수를 만드는 데 쓰일 소중한 시간을 낭비하는 것입니다."

프레데릭 말은 2012년 NBC뉴스 인터뷰에선 이렇게 말했죠.

"이 법안이 통과되면 저는 끝입니다. 제 모든 향수들이 이 재료로 가득 차 있거든요. (…) (럭셔리 향수 브랜드 시장 전체에 규제가 미치는 영향은) 마치 핵폭탄과 같을 것이고 우리는 재기할 수 없을 것입니다."

겔랑 '엥솔랑스', 르 라보의 '자스민 17'과 '라다넘 18', 프레데릭 말의 '뮤스크 라바줴' 등을 조향한 유명 조향사 모리스 루셀은 "(향수의) 재료 한두 개를 바꾸면, 특히 그 재료가 향을 정의하는 데 큰 역할을 한다면, 향수를 완벽히 재현하는 데 문제가 생긴다"면서 "거대 브랜드들은 제게 이것과 저것을 바꾸되 향과 생산 비용은 똑같이 해달라고 주문한다"고 지적했어요.

향수 업계에선 이런 규제에 다양한 방식으로 대응하고 있어요. 최근에는 '올 내추럴' 향수 브랜드가 나오고 있어요. 모든 향수에 합성향이 아닌 천연향만을 쓰는 인디 브랜드예요. 히람 그린이라는 브랜드가 대표적이죠.

IFRA 규제가 법적 규제로 바로 이어지지 않는, 유럽 이외의 국가에서는 권고를 무시하고 향수를 내기도 해요. 인디 브랜드 중 보트니코프나 로그 퍼퓨머리는 IFRA 규제에 반대합니다.

하지만 합성향 트렌드는 지속될 것으로 보여요. 우선 대부분의 합성향이 천연향보다 만들기 쉽고 가격이 싸서 기업 입장에서 원가를 절감할 수 있기 때문이에요. 게다가 IFRA의 회원사인 거대 향료 기업들은 거의 모든 합성향을 독점적으로 개발해서 판매하고 있어요. 합성향이 더 많이 팔리면 이익을 보는 구조죠. 향료에 대한 규제가 늘어날 가능성이 큰 거예요.

천연향을 공급하기 어려운 외부 상황도 생길 수 있어요. 1970년만 해도 샤넬 'No.19'에는 이란에서 생산된 고품질 갈바넘이 들어갔었어요. 1979년에 이란에서 혁명이 일어나면서 더 이상 고품질의 갈바넘을 사용할 수 없어 애를 먹었다고 해요.

천연 바닐라는 2017년에 주산지인 마다가스카르가 태풍 피해를 입어 수급이 어려워진 적이 있어요. 기후 변화로 인한 가뭄, 폭우, 이상 기온으로 천연 원료의 질이 떨어지거나 특징이 변하기도 해요.

천연향과 합성향을 둘러싼 논쟁은 현재 진행형이에요. 하지만 천연향이 합성향보다 우월하지도 않고, 합성향이 천연향보다 저품질인 것도 아닙니다. 천연향이 자연에서 추출됐다고 해서 안전한 것도, 합성향이 독성 성분을 가진 것도 아니라는 것만은 분명한 사실입니다.

향수 이름으로
찾아보기

각 향수가 언급되는 챕터명을 기입했습니다. 해당 챕터에서 향 설명을 읽으실 수 있습니다.

겔랑 '로즈 쉐리' - 바이올렛

겔랑 '뢰르 블루' - 아니스 / 헬리오트로프

겔랑 '루이' - 카네이션

겔랑 '리우' - 알데하이드

겔랑 '몽 겔랑' - 라벤더

겔랑 '미츠코' - 시프레 / 복숭아

겔랑 '볼 드 뉘' - 수선화

겔랑 '샤마드' - 히아신스

겔랑 '엥솔랑스' - 바이올렛 / 합성향 대 천연향

겔랑 '헤르바 프레스카' - 민트

구딸 파리 '사블' - 이모르텔

구딸 파리 '송쥬' - 티아레, 프랑지파니

구찌 '더 버진 바이올렛' - 바이올렛

까롱 '로열 베인' - 술

까르방 '베티버' - 베티버

꼼 데 가르송 '센트 원: 히노끼' - 사이프러스

나르시소 로드리게즈 '포 허 오 드 뚜왈렛' - 오렌지 블로섬

니샤네 'B-612' - 파우더리

다비도프 '쿨 워터' - 멜론, 수박 / 칼론

더 바디 샵 '화이트 머스크' - 머스크 / 파우더리

디에스 앤 더가 '카우보이 그라스' – 타임

디올 '디오리시모' – 은방울꽃

디올 '미스 디올 오리지널' – 갈바넘/ 시프레

디올 '쁘아종' – 튜베로즈

디올 '사바쥬' – 페퍼, 블랙 페퍼

디올 '이브노틱 쁘아종' – 견과류

딥티크 '도 손' – 튜베로즈

딥티크 '롬브르 단 로' – 블랙커런트 리프

딥티크 '오 로즈' – 리치 / 장미

딥티크 '오 모헬리' – 페퍼

딥티크 '오 프레지아' – 블랙 페퍼 / 프리지아

딥티크 '올렌느' – 자스민

딥티크 '탐 다오' – 우디

딥티크 '템포' – 페퍼

딥티크 '플레르 드 쁘' – 아이리스

딥티크 '플로라벨리오' – 아쿠아틱, 마린, 오조닉

딥티크 '필로시코스' – 코코넛, 무화과

랑방 '아르페쥬' – 알데하이드

러쉬 '더티' – 바질, 타라곤

러쉬 '데스 앤 디케이' – 백합

러쉬 '러스트' – 자스민

러쉬 '정크' – 로즈마리

러쉬 '커브사이드 바이올렛' – 바이올렛 리프

러쉬 '트와일라잇' - 라벤더

러쉬 '팬지' - 로즈마리

러쉬 '프레시 애즈' - 소나무, 전나무

로베르트 피게 '방디' - 시프레

로베르트 피게 '프라카스' - 튜베로즈

로샤스 '팜므' - 쿠민

루이 비통 '스펠 온 유' - 바이올렛

르 라보 '라다넘 18' - 합성향 대 천연향

르 라보 '베이 19' - 아쿠아틱, 마린, 오조닉

르 라보 '상탈 33' - 우디 / 샌달우드

르 라보 '알데하이드 44' - 알데하이드

르 라보 '암브레트 9' - 암브레트

르 라보 '어나더 13' - 암브레트

르 라보 '자스민 17' - 합성향 대 천연향

르 라보 '패츌리 24' - 자작나무 타르

메모 '인레' - 오스만투스

메종 마르지엘라 '레이지 선데이 모닝' - 알데하이드

메종 마르지엘라 '바이 더 파이어플레이스' - 견과류

메종 마르지엘라 '비치 워크' - 일랑일랑

메종 프란시스 커정 '바카라 루즈 540' - 시더우드

메종 프란시스 커정 '젠틀 플루이디티 실버' - 코리앤더 씨앗

몽탈 '블랙 오우드' - 오우드

바이 킬리안 '골드 나이트' - 아니스

바이 킬리안 '뢰르 베르테' - 술

바이 킬리안 '애플 브랜디' - 사과, 복숭아, 자두, 살구, 서양배

바이 킬리안 '애플 브랜디 온 더 락스' - 술

바이 킬리안 '엔젤스 셰어' - 시나몬 / 술

바이 킬리안 '코롱 쉴드 오브 프로텍션' - 로즈마리

바이레도 '데 로스 산토스' - 세이지

바이레도 '로즈 오브 노 맨즈 랜드' - 페퍼

바이레도 '블랑쉬' - 알데하이드

바이레도 '오픈 스카이' - 가이악 우드

바이레도 '인플로레센스' - 은방울꽃

바이레도 '토바코 만다린' - 쿠민

불리1803 '오 트리플 수미 히노끼' - 사이프러스

빅터 앤 롤프 '스파이스밤' - 시나몬

산타 마리아 노벨라 '아이리스' - 아이리스

산타 마리아 노벨라 '프리지아' - 프리지아

샤넬 '31 뤼 깡봉' - 시프레

샤넬 '뀌르 드 루시' - 자작나무 타르

샤넬 '라 파우자' - 아이리스

샤넬 '보이' - 푸제르

샤넬 '블루' - 페퍼

샤넬 '샹스 오 비브' - 블러드 오렌지

샤넬 '크리스탈' - 시프레 / 히아신스

샤넬 '파리-에든버러' - 주니퍼 베리

샤넬 '파리-파리' - 페퍼

샤넬 'No.5' - 알데하이드

샤넬 'No.19' - 갈바넘 / 합성향 대 천연향

샤넬 'No.19 뿌드르' - 아이리스

샤넬 '브와 데 질' - 우디

세르주 루텐 '데 끌루 뿌르 윈느 뻬리르' - 클로브

세르주 루텐 '로 다르므와즈' - 아르테미지아

세르주 루텐 '로 프로이드' - 칼론

세르주 루텐 '바 드 수아' - 히아신스

세르주 루텐 '비트리올 도이예' - 카네이션

세르주 루텐 '페미니떼 드 부아' - 시더우드

세르주 루텐 '플뢰르 도랑줴' - 쿠민 / 오렌지 블로섬

스텔라 맥카트니 '스텔라' - 장미

아뜰리에 코롱 '오랑쥬 상긴느' - 블러드 오렌지

아쿠아 디 파르마 '앰브라' - 앰버그리스

에따 리브르 도랑쥬 '애프터눈 오브 어 판' - 이모르텔

에따 리브르 도랑쥬 '틸다 스윈튼 라이크 디스' - 이모르텔

에르메스 '떼르 데르메스' - 블랙 페퍼

에르메스 '떼르 데르메스 오 지브레' - 페퍼

에르메스 '오 드 나르시스 블루' - 수선화

에르메스 '오스망뜨 위난' - 오스만투스

에르메스 '운 자르뎅 수르 닐' - 열대 과일 / 히아신스 / 워터 릴리, 로투스

에르메스 '이리스' - 아이리스

에르메스 '트윌리 데르메스' - 진저

에르메스 에르메상스 '뮤게 포슬린' - 은방울꽃

에스티 로더 '프라이빗 컬렉션' - 히아신스

에어린 '와일드 제라늄' - 제라늄

엘리자베스 아덴 '그린티 라벤더' - 라벤더

이세이 미야케 '로 디세이' - 멜론, 수박 / 워터 릴리, 로투스 / 칼론

이세이 미야케 '로 디세이 뿌르 옴므' - 칼론

이솝 '마라케시 인텐스' - 클로브

이스뜨와 드 퍼퓸 '1740 마르키 드 사드' - 이모르텔

이스뜨와 드 퍼퓸 '1875 카르멘 비제 압솔뤼' - 아르테미지아

입생로랑 '이브레스' - 술

입생로랑 '쿠로스' - 시벳

입생로랑 'M7' - 오우드

입생로랑 'Y' - 세이지, 제라늄

자라 '에보니 우드' - 클로브

장 파투 '1000' - 오스만투스

장 파투 '콜로니' - 열대 과일

조 말론 런던 '다크 앰버 앤 진저 릴리' - 진저

조 말론 런던 '오렌지 블로섬' - 오렌지 블로섬

조 말론 런던 '우드 세이지 앤 시 솔트' - 세이지

조 말론 런던 '피오니 앤 블러쉬 스웨이드' - 피오니

조 말론 런던 '미모사 앤 카다멈' - 카다멈

조 말론 런던 '잉글리쉬 페어 앤 프리지아' - 프리지아

조 말론 런던 '튜베로즈 안젤리카' - 튜베로즈

조 말론 런던 '프렌치 라임 블로섬' - 바질, 타라곤

조 말론 런던 '허니서클 앤 다바나' - 허니서클

조 말론 런던 '레드 로즈' - 장미

존 바바토스 '아티잔 퓨어' - 타임

주올로지스트 '머스크 디어' - 암브레트

주올로지스트 '비버' - 캐스토리움

주올로지스트 '시벳' - 시벳

주올로지스트 '카우' - 우유, 크림, 요거트

주올로지스트 '하이락스' - 하이라시움

지방시 '랑떼르디' - 알데하이드

캘빈 클라인 '옵세션' - 시나몬

코티 '레망' - 알데하이드

크리드 '그린 아이리쉬 트위드' - 바이올렛 리프

크리드 '어벤투스' - 프루티

클린 '웜 코튼' - 파우더리

키엘 '블랙 머스크' - 머스크

키엘 '오리지널 머스크' - 머스크

톰 포드 '느와 드 느와' - 장미

톰 포드 '로스트 체리' - 사과, 복숭아, 자두, 살구, 서양배

톰 포드 '로즈 드 신' - 피오니

톰 포드 '로즈 디 아말피' - 헬리오트로프

톰 포드 '로즈 프릭' - 페퍼

톰 포드 '보 드 주르' - 푸제르

톰 포드 '비터 피치' - 블러드 오렌지 / 사과, 복숭아, 자두, 살구, 서양배

톰 포드 '에벤 퓨메' - 아키갈라우드, 캐쉬미어 우드, 에보니 우드

톰 포드 '영 로즈' - 페퍼

톰 포드 '오우드 우드' - 오우드 / 로즈우드 / 페퍼

톰 포드 '참파카 압솔루트' - 참파카

톰 포드 '튜베로즈 뉘' - 페퍼 / 튜베로즈

톰 포드 '푸제르 다르장트' - 아키갈라우드, 캐쉬미어 우드, 에보니 우드

티에리 뮈글러 '엔젤' - 패츌리 / 솜사탕, 초콜릿

티에리 뮈글러 '워머니티' - 구어망드

파코 라반 '원 밀리언' - 시나몬

펜할리곤스 '레이디 블랑쉬' - 수선화

펜할리곤스 '사토리얼' - 푸제르

프라다 '레스 인퓨전 드 미모사' - 아니스

프라다 '인퓨전 디 아이리스' - 아이리스

프레데릭 말 '덩 떼 브하' - 아키갈라우드, 캐쉬미어 우드, 에보니 우드 / 파우더리

프레데릭 말 '로 디베' - 헬리오트로프

프레데릭 말 '로즈 앤 뀌흐' - 페퍼 / 제라늄

프레데릭 말 '로즈 토네르' - 장미

프레데릭 말 '리 메디떼라네' - 진저 / 아쿠아틱, 마린, 오조닉

프레데릭 말 '뮤스크 라바줴' - 머스크 / 합성향 대 천연향

프레데릭 말 '신테틱 정글' - 갈바넘 / 바질, 타라곤 / 은방울꽃

프레데릭 말 '윈 플레르 드 까시' - 미모사

프레데릭 말 '제라늄 뿌르 무슈' - 민트 / 제라늄

프레데릭 말 '카넬 플라워' - 튜베로즈

프레데릭 말 '포트레이트 오브 어 레이디' - 패츌리 / 베리 / 장미

프레데릭 말 '프렌치 러버' - 갈바넘

힐리 '시프레 21' - 시프레

CK '원' - 열대 과일

MDCI '시프레 팔라틴' - 코스투스 / 시프레

MDCI '엉 쾨르 엉 메이' - 미모사

경험들 01

향수 수집가의 향조 노트

ISP 지음

초판 1쇄 발행   2023년 9월 20일
초판 2쇄 발행   2023년 10월 31일

발행, 편집 파이퍼 프레스
디자인 위앤드

파이퍼
서울시 중구 청계천로 40, 13층
전화 070-7500-6563
이메일 team@piper.so

논픽션 플랫폼 파이퍼
piper.so

ISBN 979-11-979918-0-6 03590